채영복과 정밀화학의 개척자들

이임광 지음

제약/바이오강국의 씨앗을 심다

채영복과 정밀화학의 개척자들

1판 1쇄 발행 2023년 7월 15일

지은이_ 이임광
펴낸곳_ 공감의기쁨(현자의숲)
전화 02)2063-8071
팩스 02)2062-8071
등록_ 2011년 7월 20일 제 313-2011-204호
주소_ 서울시 강서구 강서로 207 4층
e-mail_ goodbook2011@naver.com
ISBN_ 979-11-86500-51-4 (03430)

자연계에 있는 100여 개 원소는
저마다 우아한 소리를 지니고 있다 .
사람들은 그것을 연구해
아름다운 음악을 창출해서
인생을 행복하게 만들고 있다.

- Ernst Otto Fischer -

정밀화학 개척자들

물질특허시대 개막
신물질 연구개발 인프라를 구축하라

정이품송에서 반도체 소재까지

prologue

얼마 전 하버드대 성장연구소(Growth Lab)가 국가별 수출품의 다양성과 이를 생산하는 데 필요한 요소기술 간 상관관계를 분석해(economic complexity) 국가별 경쟁력 순위를 발표했는데 우리나라가 일본, 스위스에 이어 세 번째에 올랐다.

현재 국가간 교역품은 대분류를 해도 6,000종이 넘는다. 이 많은 수출제품의 다양성과 그 제품을 생산하는 데 투여되는 요소기술, 이들간 복합적인 상관관계를 분석하는 것은 쉬운 일이 아니다. 한 제품을 만드는 데 필요한 요소기술은 다른 제품을 만드는 데 필요할 수 있고 이들이 전후방으로 연계되는 상관관계는 복잡하다.

하버드대 연구팀은 이 복잡한 문제를 스크래블게임의 '문자(letter)'와 '단어(word)'의 관계로 설명했다. '문자'가 많아야 다양한 '어휘'를 구사할 수 있듯 요소기술이 많아야 다양한 제품을 생산할 수 있다는 것이다. 예컨대, A, C, T 3개 문자를 가지고 있으면 이를 조합해 'CAT' 또는 'ACT'라는 단어를 만들 수 있다. C, A, P, I, Q, N 6개의 문자를 가진 그룹과 E, R, L, M, O, S, A, I, Q, T, U, D, P, Y, N 15개 문자를 가진 그룹이 'equipment'라는 단어 만들기를 시도하면 후자는 거뜬히 만들어낼 수 있지만, 전자는 이 단어를 만들어낼 수 없다.

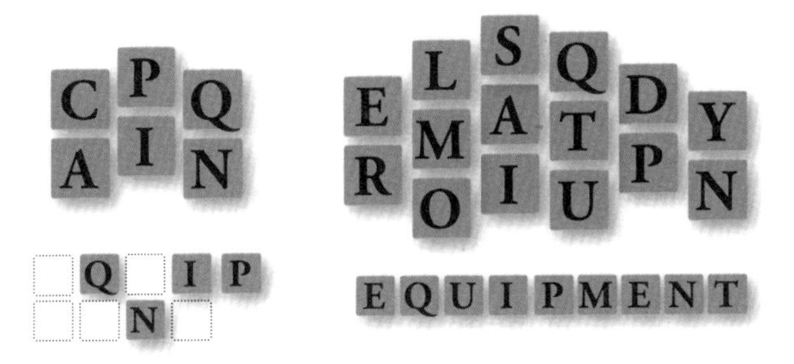

다양한 단어를 만들어내는 데 다양한 문자를 보유하는 것도 중요하지만 보유한 문자의 활용 빈도도 중요하다. A나 E는 단어를 만드는 데 자주 사용되지만 X나 Q는 흔히 사용되지 않는다. 수출경쟁력 평가에서도 제품의 다양성도 중요하지만 그 속에 숨어 있는 요소기술의 다양성과 확장성이 더 중요하다.

우리는 세계 역사상 유례를 찾아보기 힘든 압축성장을 통해 반세기 전 1인당 GDP 80달러 시대에서 3만 달러 시대를 넘어 4만 달러 시대를 눈앞에 두고 있다. 1960년대 와이셔츠, 가발, 합판이라는 '수출 삼총사'로 시작해 반세기 만에 전자, 반도체, 자동차, 선박, 석유화학제품 등 여러 제조업에서 세계 선두를 달리고 있다.

무엇이 이런 기적을 가능하게 했을까? 다양한 요소기술을 축적했기 때문이다. 축적된 요소기술들이 우리 산업이 새로운 문제에 봉착했을 때 기민하게 대처하는 동력이 돼준 것이다. 정밀화학 부문에도 엄청난 양의 요소기술이 축적돼 있다.

안타깝게도 우리는 우리가 이룩한 엄청난 발자취를 올곧게 기록하고 있지 못했다. 이런 요소기술들이 얼마나 힘들게 개발되고 축적돼 왔는지, 오늘날 우리 경쟁력의 얼마나 큰 버팀목이 되는지에 무심했다. 이제라도 요소기술들을 축적한 역정을 되짚어보고 복기해 재도약의 밑거름으로 삼아야 한다. 이 책은 우리나라 화학공업 중 정밀화학 분야의 기술 발전이 어떤 경로를 거쳤는지, 얼마나 어렵게 필요한 요소기술들을 확보하고 오늘에 이르렀는지 그 사례들을 기록하고 있다.

2023년 7월, 채영복

과학기술엔 국경이 없다 그러나 과학자에겐 조국이 있다

"프랑스 과학자 루이스 파스퇴르는 '과학기술엔 국경이 없다. 그러나 과학자에겐 조국이 있다'고 했다. 우리는 비록 갈라져 있지만 과학기술엔 국경이 없지 않나. 우리가 협력하면 우리 민족이 과학기술 발전으로 잘살게 되고 통일시대도 앞당길 수 있다."

_채영복

남북과학기술자회의

2002년 과학기술부 장관 시절 채영복의 사무실로 클린턴 대통령 과학기술자문위원장이었던 존 기본스가 찾아와 이런 말을 했다.

"냉전시대 미·소간 긴장이 고조됐을 때도 양국 과학자들 사이에는 협력이 이루어졌다. 정치적 핫라인이 단절됐을 때 그것을 복원하는 데 과학기술 핫라인이 큰 역할을 했다. 한국의 남북관계에서도 그런 노력이 필요하다."

채영복은 2005년 한국과학기술단체총연합회(과총) 회장에 취임한 후 국민이 과학기술을 바라보는 분위기가 중요하다 판단하고 과학기술의 저변을 확대했다. 과총은 학술단체들의 모임이었지만 산업계, 학계 500만 과학기술인이 개인 자격으로 참여할 수 있도록 '개인회원제'를 도입해 과학기술인들의 중지를 모아 정책으로 엮는 역할을 강화해 나갔다.

그들이 과총을 과학기술인 개개인의 연구와 주장을 정책으로 연결시킬 통로와 장으로 만들도록 애썼다. 재외 과학기술단체를 포함하던 과총에서 세계 한민족 과학자들의 네트워크를 강화하는 '대한민국과학기술연차대회'도 처음 만들었다. 채영복은 2006년 역사적인 '남북과학기술자회의'를 북한에서 개최했다. 분단 이후 처음이었다. 그전까지 남북 과학기술자들이 몇 차례 만났지만 중국 등 제3국 학회에서 만나거나 옌벤 같은 곳에서 학술회의를 가진 게 전부였다. 한반도 내에서 남과 북이 학술대회를 가진 것은 우리 과학계에 매우 의미 있는 일이었다.

첫 회의가 4월 5~6일 평양 인민문화궁전에서 열렸는데 북한 국가

▲ 앞줄 오른쪽 두 번째부터 박찬모 포항공대 총장, 채영복 과총회장, 이성욱 조선과학기술자협회장

이충복 민화협 부회장(북측)과 건배

과학원 산하 민족과학기술협회, 과총, 중국 조선족과학기술자협회가 공동 주최했다. 박찬모 당시 포항공대(포스텍) 총장이 모임을 주선했는데 남측에서 60명, 북측에서 100명 정도가 참석했다. '조선족' 이름만 걸어둔, 사실상 남북간 첫 모임이었다. 국가과학원은 우리 과학기술부에 해당한다. 채영복은 남북 과학기술자들의 교류가 발전돼 통일에도 기여할 수 있지 않을까 기대했다. 북한에서의 첫 남

앞줄 왼쪽이 채영복, 오른쪽 변영립 북한 국가과학원장, 뒷줄 왼쪽이 박찬모 포항공대 총장

북과학기술자회의에서 한 축사에서도 그런 이야기를 했다.

"프랑스 과학자 루이스 파스퇴르(Louis Pasteur, 1822-1895)는 '과학기술엔 국경이 없다. 그러나 과학자에겐 조국이 있다'고 했다. 우리가 비록 갈라져 있지만 과학기술엔 국경이 없지 않나. 우리가 협력하면 우리 민족이 과학기술 발전으로 잘살게 되고 통일시대도 앞당길 수 있다."

두 번째 모임으로 2007년 5월 7일부터 11일까지 평양에서 민족화학학술토론회를 개최하고 남북 화학자들이 모였다. 과총과 조선과학기술총연맹이 주최하고 진정일 고려대 교수가 주관했다. 북측에서는 민화협 인사를 포함해 160여 명이 참석했다. 첫 회의 때 남측 참석자들이 북으로 갈 때는 베이징으로 가서 고려항공편으로 갈아

타고 평양으로 들어갔지만 2차 방북 때는 고려항공편이 김포공항으로 와서 남측 참석자들을 태워 평양으로 갔다가 토론회가 끝난 후 다시 고려항공편으로 군사분계선을 넘어 서울로 왔다.

준비위원회가 개성에서 만나 절차를 논의하는 과정에서 우리 측이 아시아나항공편으로 군사분계선을 넘어갈 수 있도록 해달라고 제의했는데 북측이 고려항공편으로 군사분계선을 넘어 왕래하자고 한 것이다. 고려항공 여객기가 군사분계선을 넘어 서울에 착륙한 것은 역사상 처음이었다.

2007년 북한의 과학기술 수준은 형편없었다. 핵무기나 미사일 개발은 상당한 역량을 가지고 있었는지 몰라도 일반 과학기술은 우리와 비교할 수 없을 정도로 열악했다. 투자도 제대로 이루어지지 않고 있는 것 같았다.

남한이 과학기술을 통해 경제발전을 이끄는 동안 경제발전과 동떨어진 군사 부문에 역량을 쏟아 부은 결과다. 북한은 GDP 대비 군사 부문 투자가 세계에서 가장 높을 것이다. 채영복은 산업기술 부분에서 남측이 줄 게 많다고 생각했다. 급속한 경제발전에 따라 쇠퇴기에 들어선 남한의 기술들이 북한에서 유용하게 활용될 것으로 보았다.

과학기술은 최신 정보가 중요한데 북한 과학자들은 외부와 단절돼 학술지조차 구입하지 못하는 형편이었다. 인터넷도 통제돼 과학자들에게 보편화돼 있지 않았다. 채영복 일행은 방북 때 북측의 요청을 받고 철지난 학술지와 참고서적 등을 가방에 넣어 비행기에 싣고 갔다.

채영복이 김책공대를 방문해 보니 3층에 남측에서 보내준 책들로 별도 도서실이 만들어져 있었다. 김책공대 교수는 채영복에게 "일반 참고서적보다 전문서적을 많이 보내주면 좋겠다"고 주문했다. 남북 과학자들은 "모임을 정례화하고 서울에서도 모임을 갖자"고 했는데 정부가 바뀌고 핵문제로 남북관계가 경색되면서 중단되고 말았다. 채영복은 남과 북이 동상이몽을 한 것 같아 아쉬움이 컸다.

“금화, 그곳에 가고 싶다”

채영복의 고향은 강원도 김화(金化)군이다. ‘금화군’이라고도 하는데 오대산 자락으로 북한강에 접해 있고 철원에서 금강산까지 놓인 관광전철을 타고 가는 길목에 있다. ‘강원도’ 하면 감자를 떠올리는데 금화는 평야가 넓어 쌀이 많이 난다. ‘철원 오대산 쌀’도 금화에서 생산된다.

금화는 물 좋고 산 좋은 평화로운 마을이었다. 채영복은 어릴 적 산을 오르내리며 머루와 다래를 따먹고 여름에는 강에서 멱을 감고 겨울에 강이 얼면 스케이트를 탔다. 대장간에서 벼려준 칼날을 나무에 박고 신발에 고무줄로 묶어 스케이트를 만들었다. 그렇게 평화로운 마을이 6·25 때 격전지가 됐다. 금화, 철원, 평강 일대는 이른바 ‘철의 삼각지’로 많은 사람이 희생됐다.

채영복의 집은 금화에서 꽤 부자였다. 아버지는 서울을 오가며 사업을 했는데 도둑이 자주 들어 어린 채영복은 ‘도둑 안 드는 가난한 집에 살았으면 좋겠다’는 생각도 했다. 집에 회계를 맡은 서사가 있었는데 딸이 채영복이 다닌 유치원 교사였다. 채영복이 못하는 것도 잘한다고 칭찬해 자신감을 심어준 덕분인지 초등학교에 들어가 우등생이 됐다. 이후 우등상을 놓친 일이 없다.

해방 후 북쪽이 공산화되면서 채영복의 집은 추방당할 처지에 놓여 1948년 가족 모두 남쪽으로 내려왔다. 38선을 넘다 북한 보안대에 붙잡혀 1주일 동안 철창신세도 졌다.

2000년대 초 〈KBS〉 6·25 기념 다큐멘터리 ‘그곳에 가고 싶다’에 주인공으로 출연해 어린 시절 추억의 장소를 촬영하며 기억을 더듬어보았다. 민통선 안이어서 농사는 짓고 있지만 허락 없이 들어갈 수 없었다. 외가가 있는 요양리는 민통선 넘어 북한 땅이라 멀리서 보고만 왔다. 채영복은 외할아버지의 따스한 손길이 그리워 눈시울이 붉어졌다.

앞줄 왼쪽에서 세 번째가 채영복, 네 번째가 윤세영 SBS 회장

최빈국 화학도, 셀룰로스의 꿈

채영복의 가족이 월남해 정착한 곳은 서울 신당동이었다. 월남 후 가정형편이 어려워져 공부를 계속할 수 없어 학교를 다니다 쉬기를 반복했다. 아버지가 시작한 가내공업 '고려화학공업사'는 피난 후 올라와 보니 잿더미만 남았다. 채영복은 피난 중 예산농고에 들어갔는데 충남의 명문으로 졸업생 중 유명인사가 많았다.

1년 남짓 다니다 서울이 수복돼 경동고로 전학했는데 훌륭한 교사가 많았다. 문과 쪽은 체계적으로 공부하지 못했지만 수학과 과학을 잘해 과학자를 꿈꾸었다. 화학을 전공하고 싶었는데 훌륭한 학자가 되지 못하더라도 산업에 기여할 기회가 있겠다고 생각했다.

서울대 화학과에는 훌륭한 고등학교 선배가 많았다. 서울대를 수석으로 졸업하고 미국에서 교수가 된 변종화 박사가 대표적이었다. 채영복이 입학했을 때 교수진은 경성제국대 출신 장세헌 교수와 장세희 교수, 그리고 일본에서 학사학위를 받은 교수 몇이 전부였고 교수 대부분이 유학 중이었다. 해방 직후 박사는 이태규(화학), 박철재(천문학), 이승기(공학) 등 한 손에 꼽을 정도였다. 이승기 박사는 서울대 공대 교수로 있다가 월북돼 석탄에서 카바이드를, 거기서 비날론을 만들어 북한 과학기술계의 중요 인물이 됐다.

유레카! 목재를 식량으로

1950년대 말 국내에는 산업이라 할 만한 것이 없었다. 한국화약(한화)이 갓 생겨 인천에 화약공장이 있었고 애경화학이 우지(소기름)를 분해해 글리세린과 비누를 만들었다. OB맥주도 있었지만 현장실습을 할 곳이 마땅히 없었다. 서울대 화학과는 경성제국대 화학과를 이은 국내 유일한 화학과였다. 그 후 고려대와 연세대에 화학과가 생기고 다른 대학에도 신설되면서 졸업한 선배들은 교수로 취업이 됐는데 채영복이 졸업할 무렵에는 갈 자리가 없고 남은 곳은 중고등학교 교사뿐이었다.

채영복은 학문에 뜻을 품고 들어갔는데 절망이 커 1, 2학년 때는 방황하다 3학년에 올라와 미국에서 유학하고 돌아온 이종진 교수의 생화학강의를 들으면서 희망이 생겼다. 생화학은 실생활과 밀접해 할 일이 많아 보였다. 의대 기용숙 교수도 문리대에 와서 미생물을 가르쳤는데 강의가 감명적이었다.

"소는 위가 네 개인데 한 위에서는 사람이 소화하지 못하는 나무줄기 같은 셀룰로스를 소화한다. 어떻게 가능할까. 위 속에 서식하는 미생물이 내놓는 효소가 셀룰로스를 포도당으로 분해하고 흡수해 에너지를 만드는 것이다."

채영복은 "이거다!" 하고 무릎을 쳤다. 산천에 널린 초목을 포도당으로 만들어 '보릿고개' 식량문제를 해결할 수 있지 않을까 생각했다. 정신이 번쩍 들어 대학원 진학을 준비했다. 방과 후 도서관에 틀어박혀 밤 11시 반까지(12시 통행금지) 공부했다. 대학원에 가려면 제2외국어를 해야 했는데 독일어를 선택한 것이 나중에 독일에서 유학하는 단초가 됐다.

교수가 외국 대학 학생

당시 서울대는 '문리대'로 문과와 이과가 통합돼 있었다. 학문의 경계가 없었던 것이다. 전공필수과목을 제외한 문·이과 과목 중 배우고 싶은 과목을 이수할 수 있었지만 어떤 공부를 할지 스스로 커리큘럼을 짜 수강신청을 해야 했다. 이과생들도 양주동, 이어령 선생의 강의를 들었다. 명강이 많았다. 오늘날 융합교육이 그때 있었다. 이후 서울대도 화학과가 '자연대'로 들어가고 문과는 '인문대'로 분리됐다.

1950년 후반 서울대의 기초과학 수준은 형편없었다. 교수가 외국 대학원생이었으니 짐작할 만하다. 교재는 미국 원서를 썼는데 원서를 구입할 수 없어 복사본(해적판)이 돌아다녔고 교수가 턱없이 부족해 어떤 과는 조교가 가르치고 있었다. 1970년대 초까지도 대학교육이 제대로 이루어지지 않았는데 석사도 제대로 배출하지 못했다. 훗날 한국과학원(KAIS)이 생기면서 석·박사과정이 정착되고 대학 수준이 높아지기 시작했다.

이태규 선생과 한국과학원(KAIS)에서.

가운데가 김동일 박사, 오른쪽이 장세헌 선생

장세희 선생과 케이크 커팅

문리대정문 앞 '쌍과붓집'

1959년 졸업을 앞둔 채영복은 이종진 교수의 생화학강의를 들으며 대학원시험을 준비했다. 학과마다 모집정원이 한두 명으로 제한돼 있어 밤늦게까지 도서관에 틀어박혀 공부에 매진했다.

아침 일찍 반찬 없는 도시락 두 개를 들고 문리대도서관으로 갔다. 점심에 도시락을 들고 대학로 문리대정문 앞 '쌍과붓집'에 가서 국밥국물에 말아 달라 해 먹고, 저녁에 또 그렇게 먹었다. 그렇게 끼니를 때우며 통행금지 직전 도서관 문을 나섰다.

기름진 음식을 먹을 처지가 못 돼 다들 쌍과붓집 신세를 졌다. 가끔 기분이 나면 막걸리에 탄산가스를 충전한 것을 샴페인이나 되듯 건배하던 기억도 있다. 지금 같은 레스토랑이나 카페는 상상할 수 없었고 이따금 명동 같은 곳을 찾아야 음료에 음악을 감상하는 호사를 누렸다.

이승만의 원자력 꿈

전쟁으로 가업이 소실된 형편에서 유학은 꿈만 같았는데 행운이 찾아왔다. 대학원시험에 합격하고 한 달이 안 돼 지도교수 이종진 박사가 채영복을 불렀다.

"원자력원이 출범하는데 국비유학생을 모집한다더군. 한번 도전해 보게."

원자력에 국가의 미래가 있다고 생각한 이승만 대통령은 1959년 '원자력원' 발족을 추진하고 있었다. 원자탄을 만들려고 했는지도 모른다. 초대 원장을 맡은 정계 거물 김법린도 과학기술이 가난에서 벗어날 유일한 길이라고 생각했다.

원자력원이 출범하려면 전문인력이 필요했는데 국내에는 그런 인력이 전무해 없는 외화보유고를 털어 국비장학생을 해외에 파견하기로 했다. 1차 국비유학생 15명을 선발하는데 모집분야에 채영복이 전공하는 화학도 포함됐다.

채영복은 대학원을 준비하며 열심히 공부했기 때문에 전공시험은 어려움이 없었고 독일어도 자신있었다. 국비유학생은 엄청난 혜택이 주어지는 만큼 경쟁률이 18대 1이나 됐는데 합격자 15명에 채영복도 포함됐다. 채영복에게 화학강의를 해준 다른 대학 교수도 시험을 봤는데 떨어져 채영복은 교수 얼굴을 쳐다보지 못했다.

유학시험에 합격하면서 채영복은 자력으론 엄두도 못 낼 해외유학길이 열렸다. 엉덩이에 굳은살이 박히도록 앉아 책과 씨름한 보람이 있었다.

VIP가 된 국비유학생

합격자는 기계, 금속, 물리, 화학, 의학, 농학 등 분야별로 2~3명이 분포됐다. 경무대(대통령실)에서 높은 독일어 점수를 받은 채영복에게 "국모(國母)의 나라, 오지리(奧地利, 오스트리아)로 가라"는 말이 나왔다. 이승만 대통령의 부인 프란체스카는 오스트리아 사람이었다. 그러나 채영복은 음악전공자들이 주로 가는 오스트리아보다 독일로 가고 싶었다. 폐허에서 '라인강의 기적'을 이룩한 독일은 한국인에게 동경의 대상이었다. 15명 중 9명이 미국으로, 나머지 6명이 유럽으로 갔는데 그중 다섯이 독일, 한 명이 영국을 택했다.

채영복은 합격통지를 받은 날부터 VIP대접을 받았다. 경무대는 유학자금으로 월 250달러를 주었다. 200달러는 장학금, 50달러는 책값이었다. 1인당 GDP가 80달러였으니 한 달에 3년치 GDP를 받는 셈이었다. 이승만이 원자력을 얼마나 중요시했는지 짐작할 수 있다.

당시에는 유학준비생이 은행에 가서 환전하는 것도 외무부에서 여권을 발급받는 것도 무척 까다로워 "다시는 돌아오지 않겠다" 악담을 하고 출국할 정도였다. 채영복 일행은 그러지 않아도 됐다. 경무대에서 다 해주었기 때문인데 비서관들이 여권과 여행자수표를 집으로 가져다주기까지 했다. 출국 전 6개월 동안 개인교사를 붙여 독일어연수도 해주었다. 독일행을 택한 5명이 참여하는 수업은 예수회 신부가 맡아주었는데 다년간 독일에서 수도생활을 하면서 체득한 정확한 발음으로 훈련했다. 채영복은 신부의 엄격한 인품이 지금도 생생하다.

출국할 때 받은 1년치 여행자수표는 3,000달러였는데 집을 한 채 살 돈이었다. 채영복의 어머니는 소매치기라도 당할까 팬티 안에 주머니를 달아 돈을 넣고 단추까지 채웠다. 나머지 금액은 분기마다 여행자수표로 대사관 외교행랑으로 전달됐는데 대사관 직원이 금액을 확인하고 "우리 연봉보다 많다. 도대체 이 사람들 정체가 뭐냐?" 했을 정도다.

수세식변기 소동

채영복 일행은 1959년 9월 정부가 주선한 에어프랑스편으로 독일 유학길에 올랐다. 유학생들은 운임이 싼 화물선을 주로 이용했는데 채영복 일행은 여의도공항에서 여객기에 몸을 실었다. 국내에서 출발한 비행기는 프로펠러기로 장거리 비행이 불가능해 홍콩을 거쳐 인도 봄베이(뭄바이)로, 다시 튀르키예 이스탄불에 기착했다. 파리까지 이틀이 걸렸고 파리에서 처음 제트기를 탈 수 있었다. 사흘 만에 뮌헨에 도착했는데 장시간 심한 진동과 소음으로 잇몸이 부어오르고 아귀가 아플 정도로 고단한 여정이었다.

홍콩 그랜드호텔에서 하루 머무는 동안 어느 방에서 갑자기 큰 목소리가 들렸다. 화장실 변기가 고장 났다는 것이었다. 다들 가서 보니 수세식변기에서 물이 콸콸 나오고 있었다. 당황해 이 사람 저 사람 돌아가며 정지시키기 위해 노즐을 다시 누르는 바람에 물 내림이 그치질 않았던 것이다. 한바탕 난리를 치른 후 이치를 터득하고는 서로 쳐다보며 폭소를 금치 못했다. 출국 전 반도호텔에 들러 수세식화장실을 둘러보는 예행연습까지 했는데도 그런 해프닝이 벌어진 것이다.

뮌헨의 하숙생

뮌헨에 도착하니 물리학과 선배 안석교가 채영복 일행을 맞아주었다. 동행한 물리학과 선배 이태전 덕분이었다. 안석교는 뮌헨에 정착한 몇 안 되는 한국인이었고 후배들이 머물 거처를 꼼꼼하게 준비해 두었다. 채영복은 이사르강과 잉글리시가르텐에 접한, 막스 웨버플라츠와 막스플랑크슈트라세가 마주치는 모퉁이에 있는 5층 집 맨 위층에 살게 됐는데 방 두 개, 응접실 하나에 부엌과 창고가 딸린 오래된 집이었다.

채영복은 응접실 겸 서재로 쓰던 방을 배정받았다. 창문을 통해 공원의 녹음이 한눈에 들어오고 창가엔 손이 닿을 듯 우거진 마로니에가 바람소리와 함께 싱그러움을 더해주었다. 그곳에서 8년을 지냈다.

집주인 프라우 스피셀은 노년에 접어든 홀로 된 부인이었는데 독실한 가톨릭 신자였다. 매일 청소는 물론 난방까지 완벽하게 관리해 주어 채영복은 공부에 전념하며 편안하게 지낼 수 있었다. 가끔 시누이 프로이 라인이 드나들곤 했는데 처음엔 미혼이라고 해서 기대했는데 환갑에 가까운 처녀가 나타나 실망했다. 독일엔 나이 많은 처녀가 흔했는데 1·2차대전을 겪으면서 많은 남자가 전사했기 때문이다.

채영복이 8년간 기거한 하숙방
KERAMIK

괴테학원과 알프스의 추억

채영복은 짐을 풀고 두 달간 독일어연수를 받으러 알프스 근처 코헬(kochel)에 있는 '괴테학원'으로 떠났다. 이태전은 다른 학원으로 보내졌는데, 안석교가 둘을 한 곳에 보내면 필경 한국말을 쓰게 돼 독일어 실력이 늘지 않을 거라 판단했기 때문이다. 각국에서 온 학생들은 잠은 여러 가정에 분산돼 자고 학원에서 세 끼를 함께 하면서 서툰 독일어로 소통했다.

코헬은 알프스산맥의 아름다운 곳이다. 근처에 독일 최고봉 '추크슈피체(Zugspitze)'가 있는 잘 정리된 낭만 가득한 마을이었다. 길은 분쇄된 화강암 조약돌로 단장돼 있었고 집집마다 발코니에 빨간 제라늄이 만개해 있었다. 가난한 나라에서 고학하다 온 채영복에게 이곳에서의 풍요로운 두 달은 잊을 수 없는 충전의 시간이었다.

연수할 때도 문화적 충격은 컸다. 이태전은 신호등을 거꾸로 읽고 반대로 행동했는데, 광화문네거리에도 신호등이 있긴 했지만 다들 교통경찰의 수신호를 따랐다. 침대 위의 네모난 방석처럼 접어놓은 오리털이불을 어떻게 덮는지 몰라 접힌 채로 배꼽 위에 올려놓고 자기도 했다.

독일인의 성냥

연수를 마치고 뮌헨 숙소로 돌아온 어느 날, 채영복은 코헬에서의 기름진 독일음식 대신 고추장찌개를 먹고 싶어 식료품점에서 장을 봤다. 어머니가 싸준 고추장을 풀고 배추 대신 양배추를 다듬어 썰어 넣는데 집주인 스피셀이 부엌에 들어왔다. 채영복이 버린 양배추 떡잎을 쓰레기통에서 꺼내 쓸 만한 부분을 다듬으며 "이거 버릴 거면 내가 먹겠다"고 했다. 채영복은 낯이 뜨거워 얼른 떡잎들을 냄비에 넣었다.

가스레인지에 압전식 점화장치가 없던 때라 성냥불로 불을 붙였는데 스피셀은 사용한 성냥을 바로 꺼 타고 남은 부분을 버리지 않고 선반 위에 보관했다. 그러곤 옆 화구에 불을 켤 때 새 성냥을 쓰지 않고 타다 남은 성냥에 불을 붙여 옮기고 그마저 다시 꺼서 보관했다.

1960년대 뮌헨 동료들과 알프스 근교에서. 왼쪽부터 조선희 서울공대 기계과 교수, 세 번째가 채영복, 다섯 번째와 맨 끝이 송창진 한국은행 프랑크푸르트지점장 부부, 여섯·일곱 번째가 안석교 박사 부부.

연구실에서도 이면지를 쓰는 게 당연했고 다 쓴 볼펜을 가지고 가야 새것으로 바꿔주었다. 실험도구를 닦는 휴지도 절반을 찢어 썼고 업무전달용 종이봉투도 너덜너덜해질 때까지 재사용했다. 독일에서 공부하고 들어온 채영복의 은사 김태봉 교수는 편지봉투까지 뜯어 뒤집어 메모했다.

독일이 잘사는 이면에는 절약정신이 있었다. 절약이 체화돼 있는 것을 8년간 지켜보면서 채영복도 절약이 몸에 뱄다. 지금도 이면지를 재사용한다. 독일인들의 절약 습관은 지금도 여전하다. 메르켈 수상이 방한해 이화여대에서 강연한 적이 있었는데 채영복도 리셉션장에서 대면할 기회가 있었다. 의상이 눈에 띄게 검소해 옆에 있던 박근혜 당시 대통령 후보와 대조됐다.

뮌헨 유학 동료 다과회. 왼쪽부터 송종래 고려대 경제학과 교수, 채영복, 박노경 서울대 교수(성악가)와 이철수, 이종숙 서울대 교수(바이올리니스트), 배성동 국회의원 부부.

도이체스뮤지움 앞에서. 가운데가 임범제 홍익대 철학과 교수, 오른쪽이 채영복.

노벨상의 나라를 배우다

채영복이 귀국해 **KIST**에서 정밀화학 제품의 국산화연구에 열을 올리고 있을 때 두 번째 방한한 리넨이 채영복의 연구실을 찾아와 뮌헨에서 함께 한 첨단 연구와는 거리가 한참 먼 국산화연구 현장을 보고 실망 섞인 격려를 했다.

"학문적 가치는 낮을지 몰라도 모국의 발전을 위해 훌륭한 일을 하고 있으니 그 속에서 보람을 찾으라."

리넨의 제자

채영복은 뮌헨으로 가기 전 선배 안석교에게 생화학자 페오드르 리넨(Feodor Lynen) 교수를 소개받았다. 뮌헨대를 졸업하고 1953년 모교 교수가 된 리넨은 '아세틸 코엔자임 A(acetyl coenzyme A)'를 발견해 체내에서 탄수화물이 지방으로 바뀐다는 사실을 밝혀내 30대에 노벨상 후보에 올랐다.

1954년부터 막스플랑크세포화학연구소장도 맡은 리넨은 역사적인 유기화학자 하인리히 빌란트(Heinlich Wieland, 1877-1957)의 사위이자 두 수제자 중 하나다. 또 다른 수제자는 롤프 후이스겐(Rolf Huisgen, 1920-2020)으로 젊었을 때 '독일이 낳은 기적의 아이(Wunderkind)'로 불릴 정도로 명석한 유기화학자다. 이 둘이 뮌헨대 화학과를 이끌고 있었는데 후이스겐은 유기화학을, 리넨은 생화학을 맡고 있었다.

빌란트는 탄소원자 두 개로 된 식초산이 신진대사에 특별한 의미가 있을 것이란 직관을 가지고 있었는데 사위 리넨이 그 직관을 이어받아 활성화된 식초산(activated acetic acid)인 '아세틸 코엔자임 A'를 발견해낸 것이다.

채영복은 리넨을 찾아가 문하생으로 받아 달라고 했다. 독일어가 서툴었지만 리넨이 말한 내용은 알아들을 수 있었다. 요지는 이랬다.

"한국에서 받은 학사학위로는 박사코스를 밟을 수 없으니 디플롬(Diplom)코스를 밟고 오면 지도해 주겠다."

디플롬코스는 유기화학 실험이 전부라고 해도 과언이 아니었다. 디플롬코스를 밟는 동안 채영복은 리넨보다 유기화학 교수 후이스겐에 끌렸다. 세계적으로 관심을 모은 반응(1.3 dipol cycloadition)을 발표했는데 강의에 매료됐다. 채영복은 후이스겐 교수 밑에서 유기화학으로 박사학위를 받기로 결심했다. 생화학을 공부하러 가서 유기화학으로 전향한 것이다.

리넨과 후이스겐 두 교수의 연구소는 붙어 있었는데 디플롬학위를 받고 후이스겐 밑에서 유기화학으로 박사코스를 시작한 지 얼마 안 돼 지하복도에서 마주친 리넨이 채영복에게 화를 냈다.

"디플롬을 마치면 오기로 해놓고 거기서 뭐 하고 있나?"

채영복은 당황한 나머지 이렇게 말해버리고 말았다.

"교수님도 그러셨듯이 유기화학을 공부하고 나서 생화학을 하는 것이 좋을 것 같다고 판단했습니다. 유기화학으로 박사학위를 마치는 대로 교수님 문하로 들어가겠습니다."

채영복은 유기화학으로 학위를 마친 뒤 다시 생화학을 공부하게 됐다. 그 옛날에 '융합연구'를 시작한 셈이었다. 채영복이 문하에 들어가기 얼마 전 리넨이 노벨상을 받았다. 채영복은 후이스겐이 더 유명해 노벨상도 먼저 받을 줄 알았는데 노벨상도 상복이 있어야 한다는 생각이 들었다.

뮌헨대는 세계적인 명문이었다. 채영복이 들어갔을 때 세계 물리학계의 거목 베르너 하이젠베르크(Werner Karl Heisenberg, 1901-1976)도 강의하고 있었다. 양자역학 창시자 중 한 사람으로 노벨상을 받고 뮌헨대 입구에 흉상까지 세워놓았을 정도로 추앙받고 있었다. 화학과도 유스투스 폰 리비히(Justus von Liebig, 1803-1873), 리하르트 빌슈테터(Richard Willstätter, 1872-1942), 아돌프 폰 바이어(Adolf von Baeyer, 1835-1917), 빌란트 등 역사적인 유기화학자들에 이어 후이스겐과 리넨이 전통을

롤프 후이스겐 교수와 함께

면면히 이어오고 있었다. 채영복이 이런 대학에서 수학하게 된 것은 큰 행운이었다.

독일은 학자를 존중하는 나라였다. 채영복이 박사학위를 받자마자 지도교수를 비롯해 동네사람들도 '박사'로 불러주었다. 중세 독일은 유럽에서 가장 못사는 나라였는데 과학자들이 독일 경제를 일으켰기에 과학자들을 존경했다. (문인들은 독일의 이미지를 개선했다.) 독일에서는 '장관'보다 '교수'가 더 존경을 표하는 호칭이다. 채영복이 유학할 때 독일 경제상이 루트비히 에르하르트(Ludwig Erhard, 1897-1977)였는데, 언론도 '장관' 대신 '교수'로 표기했다. 독일 학문이 발전한 것도 학자들을 존중하는 사회 분위기가 있었기 때문이다.

채영복은 박사학위를 받은 다음 막스플랑크세포화학연구소에서

첨성대에서 롤프 후이스겐 교수와

또 다른 공부를 시작했다. 연구소장인 리넨이 채영복의 잠재성을 알아보고 생화학 기초를 닦게 한 것이다. 채영복은 2년 동안 월급을 받으면서 훈련했다.

린다우에서 만난 오초아 교수

채영복이 국비장학금을 받고 출국한 지 1년 남짓 한국에선 4·19가 일어나고 장면정권이 들어섰다 다시 5·16이 일어났다. 정권이 두 차례나 바뀌는 격동기에 '원자력원 프로젝트'는 활력을 잃었고 정부는 국비유학생들을 챙기지 못했다. 덕분에 채영복을 비롯한 유학생들은 8년이나 외국에서 공부를 지속할 수 있었다.

채영복은 독일에서의 연구소생활이 끝나갈 무렵 다음 연구를 위해 영국으로 갈지 미국으로 갈지 고민하고 있었다. 리넨 밑에서 일한 경력이면 어디든 가능했다.

독일, 스위스, 프랑스 접경의 호수 보덴세(Bodensee) 안 오렌지나무 등 아열대식물이 자라는 마을 린다우(Lindau)에서 해마다 노벨상 수상자들이 모여 젊은 과학도들을 격려하고 진로를 지도했다. 채영복은 린다우에서 우라늄 연쇄반응을 발견해 원자탄의 단초를 제공한 오토 한(Otto Hahn, 1879-1968) 교수와 1959년 노벨생리의학상을 받은 세베로 오초아(Severo Ochoa, 1905-1993) 뉴욕대 교수를 만났다.

유전자가 어떻게 복제되는지를 밝혀낸 오초아는 '코돈-안티코돈(codon-anticodon)' 연구로 유명했다. 강의가 획기적이어서 채영복은 오초아 교수 문하로 들어가기로 결심했다. 리넨이 추천서를 써주었고 석 달 후 긍정적인 답이 왔다. 스페인 출신으로 베를린대 와브르그 연구실에서 훈련한 오초아는 리넨과도 공동연구논문을 발표한 사이였다.

세베로 오초아 교수 오토 한 교수

보은의 시작

1967년 채영복은 8년의 독일생활을 마치고 오초아 교수와 공동 연구를 하기 위해 미국으로 가기 전 잠시 한국원자력연구소에서 봉사하기로 했다. 9월 오초아 교수 연구실에 합류하게 돼 있었는데 그해 2월 부친의 3년상이 있어 귀국하게 되면서 6개월의 공백이 생긴 것이다. 독일 유학 초기 2년 동안 나랏돈으로 배운 것에 보은하는 뜻으로 보수와 관계 없이 위촉직으로 봉사했다.

군사정부의 경제과학위원회 일원이던 은사 이종진 교수와 동행해 종로 YMCA빌딩 내 한국과학기술연구소(KIST) 임시사무실에 들렀다. 부소장이었던 심문택 교수, 한상준 교수 등이 이종진 교수에게 KIST 설립 추진 경과를 브리핑하는 자리였는데 채영복은 그 자리에서 KIST 입소를 제안 받았다. 하지만 뉴욕의 오초아 교수팀에 합류하기로 돼 있었고 기초과학분야 연구에 관심이 컸던 터라 제안을 건성으로 넘겨버렸다.

6개월간 일시 귀국해 있는 동안 원자력연구소의 김유선 박사 연구실(유기화학)과 이근배 박사 연구실(생화학)을 오가며 몇 가지 연구 과제를 수행했다. 김유선 박사 연구실은 인턴으로 나오던 서울대 응용화학과 4학년 김성수를 데리고 '2, 6-디페닐-1, 4', '디하이드로 1, 3, 4, 5 테트라진' 화합물의 광학분해반응과 치환기가 미치는 반응속도를 측정해 하메트방정식의 상수를 찾아내 연구결과를 〈대한화학회지〉에 게재했다.

이근배 박사 연구실에서는 여학생 인턴들과 함께 생체 내에서 알코올 탈수소 효소를 분리해 효소활성도를 측정하는 실험을 했다. 신선한 동물의 장기를 구하기 힘들어 동물 장기 대신 콩나물로 실험했는데 당시 국내에서 생체 내 효소를 추출해 반응속도를 측정하는 실험은 보기 힘들었다. 아침 출근길에 학생들이 구멍가게에 들러 콩나물을 사와 블랜더에 넣어 분쇄한 다음 엔자임을 분리해내는 작업이 매일같이 반복됐다.

엔자임 분리를 위해서는 칼럼크로마토그라피법을 활용해야 하는데 엔자임이 활성을 잃지 않도록 냉동실 내 작업이 필수였다. 원자력연구소에 그런 시설이 있을 리 만무했다. 크로마토그라피 칼럼 외벽에 재킷을 부착해 그 속에 얼음물을 흘려 저온을 유지했다. 한 사람이 칼럼 옆에 붙어 서서 연신 얼음물을 부어넣어야 했다.

이런 식으로 분리작업을 하다 보니 아침에 시작한 실험이 퇴근시간 전에 마무리 될 수 없었는데 그대로 방치하고 퇴근해 버리면 온도 상승으로 애써 분리하던 엔자임이 모두 파괴돼 버렸다. 여학생들이 때때로 귀가하지 못한 채 연구실에 붙어 있어야 했고 통행금지시간을 넘기면 연구실에서 밤을 새우는 일이 빈번했다. 어려운 여건에도 연구에 참여하려는 학생이 늘어 갔다. 독일에서 귀국한 박사와 획기적인 연구를 할 기회를 놓치지 않으려는 향학열 때문이었다. 하루는 한 여학생 인턴의 부모가 집에 진수성찬을 차려놓고 연구팀을 초청했는데 그 어머니가 채영복에게 "아무리 연구가 중요해도 과년한 여학생들을 실험실에 붙들어 놓고 외박을 하게 해서야 되겠습니까?"라고 항의하기도 했다.

서너 달 고생한 끝에 논문이 완성돼 도쿄에서 열리는 세계생화학회에 발표하기로 했다. 이근배 교수가 발표하기로 했는데 등재시간에 문제가 있어 등록하지 못하고 이미 발표하기로 등록돼 있던 논문의 내용을 바꿔치기 하는 일이 벌어져 발표자 이름이 연구와 무관한 사람들로 기재되고 말았다. 채영복은 참여한 여학생들에게 미안해 여러 차례 항의했지만 소용이 없었다.

1967년 여름 대한화학회는 창립 10주년을 맞아 기념강연을 위해 노벨상 수상자를 초빙하자는 쪽으로 가닥을 잡고 백방으로 찾아봤지만 어려웠다. 결국 채영복에게 은사인 리넨 교수를 초빙할 수 있게 도와 달라고 했다.

노벨상을 받은 과학자들은 몇 년간 스케줄이 정해져 있어 일정을 빼는 것이 힘들었지만 리넨은 제자인 채영복을 위해 기꺼이 방한해 주었다. 리넨은 〈대지〉의 작가 펄 벅(Pearl S. Buck)에 이어 두 번째로 방한한 노벨상 수상자로 기록됐다.

왼쪽부터 채영복, 페오드르 리넨 부부, 사공열 교수(대한화학회 간사장)

리넨은 경무대에서 박정희 대통령을 접견한 후 인하대를 방문했는데 공대 시설이 그나마 좋아서였다. 이승만 대통령이 설립 때부터 많은 관심을 가지고 투자한 결과였다.

서울에서 인천으로 가는 유일한 도로는 2차선 비포장길이었다. 사이드카를 따라가는, 리넨 교수를 태운 차는 온통 흙먼지로 덮여 앞을 못 가릴 정도였다. 당시 카펫이 깔려 있는 호텔은 반도호텔과 새로 생긴 워커힐호텔뿐이었다. 반도호텔은 시설이 노후화돼 교외 워커힐호텔을 택했다. 리넨은 일정이 끝나면 밤늦게 시골길을 따라 워커힐호텔로 향했다.

반 년간 서울에 머무는 동안 채영복은 또 다른 일로 시달려야 했다. '동백림사건'이 터진 것이다. 친구 셋과 친구 형이 연루됐고 채영복도 불려가 진술했다. 연구실 일들이 숨 가쁘게 돌아가 채영복은 알리바이가 충분했다. 채영복도 친구 따라 베를린에 들러 북한대사관에서 제공하는 냉면이라도 한 그릇 얻어먹었다면 화를 면치 못했을 것이다.

당시 베를린에 사는 한인들은 전차로 북한대사관을 쉽게 왕래할 수 있었다. 북한이 남한보다 경제적 우위에 있었고 매일같이 우편함엔 북에서 보낸 선전물이 가득했다. 북한은 1966년 잉글랜드월드컵에서 아시아 국가 최초로 8강에 올라 독일인들을 놀라게 했고 오스트리아 인스부르크에서는 동계스포츠로 북한 선수들이 기염을 토하고 있었다. 그러다 보니 유학생들이 하나둘 북한에 호기심을 갖기도 했다.

노벨상의 비결

채영복은 6개월의 '보은'을 마치고 미국으로 건너가 뉴욕대에서 2년 동안 세포 안에서 유전자가 어떻게 복제돼 단백질로 합성되는지를 연구했다. 최첨단 연구 분야였다. 오초아 교수팀에선 m-RNA로부터 세포 내 라이보솜과 t-RNA 간 상호작용으로 단백질이 합성되는 메커니즘을 밝혀내는 흥미진진한 연구가 한창이었다.

연구실에 침대까지 갖다 놓고 주야로 흥분 속에 연구가 추진되고 있었다. "오초아 교수가 두 번째 노벨상을 노리는 것 아니냐?"는 얘기가 나올 정도였다. 채영복은 그 팀에 머무는 동안 중요한 교훈을 얻었다. 실험하기 전에 생각과 토론을 철저히 거치는 것이 연구를 창의적으로 이끄는 데 얼마나 중요한 지 체감했다. 연구소 내 모든 교수와 연구원이 아침 8시에 나와 9시까지 테크니션(technician)과 그날 연구에 대한 지시와 논의를 하고 구내 카페테리아에 모여 모닝커피타임을 갖는데 연구 주제 외에 세계 도처에서 일어나는 연구에 이르기까지 폭넓고 깊이 있는 얘기를 주고받는다. 이때(1967-69) 이미 오늘날 현실화되고 있는 'RNA를 이용한 독감 치료' 가능성이 논의됐고 '바이러스 합성' 문제까지도 토의 주제였다.

10시 반쯤 연구실로 돌아가 테크니션과 진행상황을 점검하고 실험하다 12시가 되면 한자리에 모여 점심 겸 토론이 이어졌다. 1시 반경 연구실에 돌아갔다가 3시경 다시 도서실에 모여 티타임을 가지면서 토론이 이어졌다.

하루 대부분을 토론하고 생각하고 소통하는 데 썼다. 잔일은 테크니션에 의해 이루어진다. 이런 연구방법이 노벨상을 수상하게 된 핵산의 중합효소 폴리뉴클레오타이드 폴리머레이즈(Polynucleotide polymerase)를 발명하고 생체 내 단백질 합성 개시 시그널인 F1, F2, F3 개시인자(Iniciation factor)를 밝혀내는 데 결정적인 기여를 했다.

채영복은 창의력은 뛰어다니며 얻는 게 아니라 생각에서 오는 것임을 체감했다. 노벨상을 수상한 아서 콘버그(Arthur Kornberg, 1918-2007) 교수, 프랑스학술원장을 지낸 구른버그 마나고 교수 등 많은 창의적인 인재를 배출한 것도 그래서였다. 오초아 교수 연구실 복도에는 함께했던 학자들의 사진이 걸려 있었는데 그중 제일 동정 받는 사진의 주인은 독일 모 대학 총장이었다. '보직 때문에 연구를 지속하지 못한 학자'라는 꼬리표를 달고 있었다.

당시 세포 라이보솜 내에서 m-RNA와 t-RNA 간에 코돈-안티코돈 암호를 매개로 단백질 합성이 시작되고 이어져나가는 메커니즘 연구는 오초아 교수와 뉴욕 록펠러대(당시 록펠러연구소) 리프만 교수(Coenzyme A 발견으로 노벨상 수상)가 주도하고 있었다. 두 연구팀은 종종 세미나를 공동으로 주관하는 등 긴밀하게 협력했다.

1968년 채영복이 〈PNAS〉(국립과학원회보)에 제1저자로 발표한 논문 두 편이 분자생물학의 성지나 다름없는 '콜드스프링하버심포지움'에서 다른 연구자에 의해 일부 표절돼 발표되는 사건이 발생했다. 오초아 교수가 30만 달러 손해배상 소송을 제기했는데 표절한 교수는 손해배상 판결을 받고 미국 대학에서도 추방됐다. 이 사건은 미국화학회지 〈C&E News〉에도 크게 보도됐다. 소송이 진행되는 동안 채영복은 귀국해 국산화연구에 몰입해 있어 개입할 수 없었는데 30만 달러는 포스닥 20명 연봉과 맞먹는 돈이었다.

콜드스프링하버연구소 심포지엄 참석 중 망중한. 왼쪽에서 두 번째가 채영복, 세 번째가 리프만 교수

뉴욕에서 울린 웨딩마치

1968년 6월 17일 채영복은 독일에서 만나 사랑에 빠진 김경자와 뉴저지 한인교회에서 혼례를 올렸다. 김경자는 국내 기계공업의 선구자인 김연규 대한중기 회장의 딸로 대한중기는 많은 기계장비를 독일에서 수입했는데 장남 김희재를 독일에 보내 유학 겸 회사 일을 보게 하고 있었다. 부인 황정자는 잘 알려진 피아니스트로 서울대 공대 황영모 학장의 장녀다.

채영복은 한국음식이 그리울 때면 김희재 부부를 찾아가 신세를 지곤 했다. 그러던 어느 날 독일에 온 김경자를 보고 첫눈에 반했다. 일시 귀국해 원자력연구소에서 근무할 때 김연규 회장을 찾아가 "따님과 결혼을 허락해주십시오" 했다가 면박만 받고 돌아왔다. 옷차림부터 헤어스타일까지 모두 마음에 들지 않았던 것이다. 그 후 어렵사리 허락을 얻어 신부를 뉴욕으로 오게 해 결혼식을 올렸다.

맨해튼 뉴욕시청에서 결혼서약을 할 때 독일에서부터 친분이 두터운 강성종 박사와 백낙정(피아니스트)이 증인을 서 주었다. 미국에 온 지 반년 남짓밖에 안 돼 모든 일이 생소하고 지인도 많지 않았는데 김정환 박사를 비롯한 화학과 후배들과 연구소 동료인 레니 박사가 식장 예약부터 모든 절차를 해결해 주었다. 신부도 뉴욕에 고교동창이 많아 축복 속에 결혼식을 올릴 수 있었다. 훗날 화학연구소에서 재회한 이재현 박사, 카이스트 총장을 지낸 천성순 박사도 참석했다. 식을 마치고 부부는 뉴욕 업타운 브롱스 월튼애비뉴에 있는 유대인아파트단지에 보금자리를 마련했다.

채영복은 결혼 후 장인과의 일화가 하나 있다. 귀국 후 KIST에 자

1967년 뉴저지 한인교회에서 결혼식

잘츠부르크성 앞에서.

카자흐스탄에서. 알래스카에서.

Mark Rothko
Sponsored by LG
2015.3.23-6.28

3·1문화상 수상 기념.

2002 . 9 . 27
아특수강(주)
金連珪會長功蹟碑

리잡은 몇 주 후 추석이 다가왔을 때다. KIST 소장이던 최형섭 박사가 실장회의를 소집해 긴 탁자에 둘러앉은 자리에서 최 소장은 행정실장을 시켜 테이블 앞에 봉투를 하나씩 올려놓았다. 붓글씨로 실장들 이름이 적혀 있었는데 추석 '떡값'이 들어 있다고 했다. 박정희 대통령이 보낸 하사금이었다.

새내기 채영복은 테이블 밑에서 봉투 안을 살폈다. 2와 0이 4개 보였다. 회의가 끝난 후 화장실에 갔다가 다시 봉투를 열어보니 0이 5개였다. 당시 처음 나온 국산 자동차가 50만 원 정도였는데 동료 대부분이 하사금에 얼마를 보태 자동차를 구입했다. 채영복도 추석 때 장인에게 30만 원을 빌려달라고 청했다. "무엇에 쓸 것이냐?"고 물어 "하사금에 보태 차를 구입하려 한다"고 했더니 장인이 정색하며 "나는 사장인데도 때때로 버스를 타는데 자네 형편에 그런 생각을 하다니! 내 딸 물려야겠네!" 했다.

그러던 어느 날 동료인 오동령 박사가 "매달 분납하는 조건으로 주택조합에 가입했는데 이제라도 일시불로 하면 가입할 수 있다"고 귀띔해 주어 행정담당 부소장을 찾아가 하사금으로 주택단지 세 필지를 샀다. 몇 년이 지나 주택단지 가운데로 도로가 뚫렸는데 지금의 강남 테헤란로다. 장인의 천금같은 질책이 테헤란로에 택지를 마련하는 동기가 돼 채영복의 재산목록 1호가 생겼다.

왼쪽부터 큰사위 손병혁 서울대 화학과 교수, 장녀 채유미 상명대 교수(바이올리니스트), 김경자 채영복 부부. 채유미 연주회에서.

한국기계연구소 임원들과. 앞줄 오른쪽에서 여섯 번째가 채영복의 장인 김연규 대한중기 회장, 여덟 번째가 이종오 과기처 장관, 이해 기계연구소장.

귀국 명령

뉴욕에서 연구생활이 눈코 뜰 새 없이 진행되고 연구성과가 물이 오를 때쯤 채영복은 한국 정부로부터 한 통의 공문을 받았다.

『국비장학생인 당신은 조속히 귀국할 의무가 있음. 귀국해 근무할 연구기관을 정하고 귀국 일정을 확정할 것. 그렇지 않으면 여권 연장을 불허함.』

이승만정부는 유학을 보내주면서도 "이렇게 해주십시오", "저렇게 해주십시오" 했는데 박정희정부는 "이렇게 할 것", "저렇게 할 것" 하는 명령조였다. 채영복은 이역만리에서도 군부의 위압을 느낄 수 있었다.

국비장학생으로 10년을 외국에 머물고 있으니 귀국하라는 데 이의는 없었다. 10년을 외국에서 보낼 수 있게 해준 것은 대단한 배려였다. 이승만정권에 이은 장면정권의 몰락, 군사정권으로 이어지는 정변이 없었다면 소환 조치는 훨씬 전에 있었을 것이다.

리넨의 실망

채영복은 기초연구를 지속할 수 없다면 원자력연구소보다 2년 전 제안받은 KIST에 입소해 경제 건설에 참여하는 편이 낫겠다고 생각했다. KIST에 입소하기로 하고 반년 더 여권을 연장받았다.

한 달쯤 지나 채영복은 리넨의 방문을 받았다. 그리고 놀라운 제안을 받았다. 뉴욕에서 연구가 끝나는 대로 독일로 돌아와 달라는 것이었다. 막스플랑크세포화학연구소는 대학 생화학연구실을 겸하고 있었는데 하빌리타치온(Habilitation) 과정을 밟고 있던 일본인 누마 박사가 본국의 특별 유치 프로그램으로 귀국하게 돼 그 자리를 메워 달라고 했다. 하빌리타치온은 교수 자격(Lehrbefähigung)을 획득하기 위한 훈련과정이다. 누마 박사는 독일에서 교수생활을 하기로 마음을 굳히고 독일 여성과 결혼까지 했는데 급히 귀국해야 했다.

이 제안을 하기 위해 리넨은 뮌헨에서 뉴욕까지 채영복을 찾아온 것이었다. 채영복에겐 하빌리타치온 과정을 밟을 일생일대의 기회가 열릴 순간이었다. 하빌리타치온 대상자는 독일 대학에서 최우등인 '숨마 쿰 라우데(summa cum laude)'를 받은 사람 중에서 엄선하는데 한 연구소에서 4~5년에 한 번 나올까 말까 했다.

하지만 채영복은 몇 주 전 KIST로 입소하기로 약속하고 여권 연장을 받은 처지여서 리넨의 천금같은 제안을 거절할 수밖에 없었다. 노벨상을 수상한 세계적인 리넨이 크나큰 선물을 주려고 찾아왔는데 면전에서 거절하다니! 채영복은 그때 리넨의 황당해하던 표정을 잊을 수 없다. 그때 리넨의 제안을 받아들였다면 채영복의 인생은 어떻게 변해 있을까. 아마도 학문의 꿈을 실현했을 것이다. 채영복

김동일 박사와 페오드르 리넨

KIST 기념탑 앞에서 유기합성연구실 사람들과. 앞줄 왼쪽에서 첫 번째가 김운섭 연구원, 세 번째가 조병태 연구원, 네 번째가 채영복, 다섯 번째가 페어도르 리넨

은 지금도 아쉬움이 크다.

리넨은 효소(enzymology) 분야에서 뛰어난 업적을 이루고 노벨상까지 받은 학자였다. 오늘날 생체 내 콜레스테롤 합성을 저해하는 스타틴계 고지혈증 치료제 탄생의 기반을 마련하기도 했다. 그리고 세포 내 에너지대사에 중요한 퍼즐을 맞추기도 했다. 당시 생화학계에서는 새로운 돌풍이 불기 시작했다. 유전인자가 DNA에서 m-RNA로 전사되고 다시 단백질 합성으로 이어지는 생체 내 비밀들이 풀리기 시작하면서 일대 변혁이 일어나고 있었다. 리넨은 채영복과 함께 이 분야를 개척하려 했는지도 모른다.

채영복이 귀국해 KIST에서 정밀화학 제품의 국산화연구에 열을 올리고 있을 때 두 번째 방한을 한 리넨이 채영복의 연구실을 찾아와 뮌헨에서 함께한 첨단 연구와는 거리가 한참 먼 국산화연구 현장을 보고 실망 섞인 격려를 했다.

"학문적 가치는 낮을지 몰라도 모국의 발전을 위해 훌륭한 일을 하고 있으니 그 속에서 보람을 찾으라."

리넨은 1979년 장 수술 후유증으로 60대 중반에 세상을 떠났다. 후계자를 마련하지 못한 막스플랑크세포화학연구소는 막을 내리고 막스플랑크생화학연구소에 흡수됐다. 지도자의 서거와 함께 수많은 업적을 남긴 막스플랑크세포화학연구소가 역사 속으로 사라지고 만 것이다.

1980년대 초, 채영복은 과학기술연구재단 이사장인 최형섭 박사와 독일 정부의 초청을 받았다. 뤼브케 대통령을 예방하고 뮌헨의 막스플랑크연구협회 본부도 방문했다. 유명한 오페라하우스에 초대받기도 했는데 놀랍게도 채영복 일행을 안내한 막스플랑크연구협회 총재 비서가 리넨의 옛 비서였다. 그녀는 채영복이 방문한다는 소식을 듣고 세포화학연구소 시절 함께한 동료들의 근황과 연락처를 준비해 전해주었다. 그중엔 세계적 명성을 얻은 이들도 있었다.

대한민국 과학기술의 메카 KIST

연구실장이 스폰서가 될 만한 기업을 찾아다니며 연구용역을 설득해야 했다. 훗날 건설부 장관과 과학기술처 장관을 지낸 최종환 박사가 **KIST** 연구개발실장 시절 겪은 일화다. 대전에서 연구수탁 사업을 논의하고 올라오는 기차 안에서 맞은편 노파가 최 박사에게 물었다.

"무얼 하러 다니는 분이시우?"

최 박사는 '연구용역'을 설명하기 어려워 엉겁결에 "머리 팔러 다니는 사람입니다"했다. 그랬더니 노파가 "응, 가발장수구먼" 하며 웃었다.

박정희의 트랜지스터라디오

1969년 한국은 농경사회에서 겨우 벗어나 산업사회 진입을 눈앞에 두고 있었다. 뉴욕 백화점 매장 한구석에 한국산 와이셔츠가 진열되기 시작했다. 채영복은 한국 화장품산업의 선구자인 조중명 피어리스 사장으로부터 김우중 대우 회장과 함께 뉴욕에서 와이셔츠를 팔러 뛰어다니며 호텔비가 아까워 방을 같이 쓴 얘기를 들은 적이 있다.

와이셔츠에 가발과 합판이 합세해 '수출삼총사'가 됐다. 동명목재가 전후 복구를 위해 동남아에서 원목을 들여와 합판을 만들기 시작했고 여성들의 머리카락을 잘라 가발을 만들어 수출했다. 전자공업은 꿈도 꾸지 못했다. 그 어려운 시절 전자공업 육성 방안을 마련한 재미교포 김완희 컬럼비아대 교수는 회고의 글에서 이런 일화를 소개했다.

"박정희 대통령으로부터 전자공업 육성 방안을 마련해 달라는 전갈을 받았을 때 별로 내키지 않았다. 박 대통령은 허름한 책상서랍에서 트랜지스터라디오 하나를 꺼내놓으며 '우리가 이걸 만들 수 없겠습니까? 이걸 만들어 수출할 수 있다면 와이셔츠 한 컨테이너 대신 트렁크 하나면 족할 텐데' 하며 아쉬워했다."

김 교수는 그 말에 마음을 고쳐먹고 전자공업 육성 방안 마련에 뛰어들었다. 채영복도 이 글을 읽고 눈시울이 붉어졌다. 마을에 하나 정도 있는 백색전화기 한 대가 집 한 채 값을 호가하던 때였다.

KIST 유기합성연구실

KIST는 미국으로부터 1,200만 달러를 원조받아 설립됐다. 박정희는 베트남전 파병 대가로 미국 측에 산업을 일으킬 연구소를 세워 달라고 했다. 그 많은 시급한 일을 제쳐놓고 미래에 투자한 것이다. 린든 존슨 미국 대통령은 기업과 밀착된 연구를 수행하는 바텔연구소를 모델로 제시했다.

이런 취지로 설립된 만큼 KIST는 이론이나 학문을 위한 연구소가 아니라 기업이 필요로 하는 연구를 해야 했다. KIST의 목표는 '기술자립을 통한 경제자립'이었다. 박정희의 '기술입국' 철학이 깔려 있었다. KIST 미션의 첫 단계는 선진국 기술을 도입해 국산화하는 것이고, 두 번째 단계는 도입한 기술을 소화해 계량하는 것이었으며, 세 번째는 기술자립이었다.

산업이 취약하기 짝이 없을 때여서 외국에서 공부한 것을 그대로 적용할 수 없었다. 채영복은 오랜 기간 쌓아온 생명과학분야의 연구를 다 포기한다는 각오로 귀국했다. 국내 실정에 맞추어 새로 시작해야 했다.

1969년 8월 귀국길에 바텔연구소는 채영복에게 다우케미칼 본사를 둘러보도록 주선했다. 귀국 후 연구개발에 도움이 될 거라 생각했던 것이다. 바텔연구소는 KIST 운영을 자문하고 있었고 과학자 유치에도 참여하고 있었다.

울산에 석유화학단지 건설이 한창이어서 채영복은 장차 유화산업의 부가가치를 높이고 경쟁력을 강화하기 위해 미국 화학공업 현황을 파악해 둘 필요가 있다고 생각했다. 채영복은 KIST 유기합성연

KIST 초창기 박사급 연구원들. 넷째 줄 맨 왼쪽이 채영복.

구실을 만들고 실장 직무대행을 맡았다. KIST에는 원자력연구소에서 온 연구원을 포함해 박사급 연구원은 18명이 전부였다. 국내에 박사급 과학자가 몇 십이 안 됐다. 외국에서 박사학위를 취득하면 신문에 대서특필 될 정도였다. 대학교수가 학위 취득을 위해 유학을 떠나던 때였다. 그러니 채영복에게 연구할 미션을 제시하고 지도할 선배나 전문가가 있을 리 만무했다. 스스로 시장을 분석하고 연구분야를 기획하고 실행해야 했다. 유기화학으로 학위를 받고 독일에서 디플롬과정을 거치면서 유기합성실험을 하며 혹독하게 훈련한 것이 석유화학제품 다운스트림 국산화연구에 밑거름이 됐다.

불모지에 주춧돌을 놓다

석유화학 분야에선 어느 정도 기술이 도입되고 있었다. 울산에 석유화학단지가 조성돼 다우케미칼을 비롯해 다국적 화학기업들이 들어오고 있었다. 한국시장보다 앞으로 열릴 중국시장을 겨냥한 것이었다. 석유화학은 화학산업 발전의 주춧돌을 놓는 것에 불과했다. 기둥을 세우고 서까래를 올리고 집을 지어야 했다. '정밀화학' 개념이 나오기 전이었다. 화학공업시장은 미치지 않는 부분이 없을 정도로 광범위했다.

석유화학은 턴키 베이스로 키만 누르면 운영할 수 있도록 공장 건설에서 운영까지 도맡아 기술을 이전해 주었지만 여기서 나오는 원료로 부가가치가 높은, 일상에 필요한 화합물들을 만들어내는 산업엔 기술이전을 전혀 기대할 수 없었다. 기술이 철저히 특허로 보호돼 있어 한 단계 한 단계 자력으로 보호장벽을 뚫고 나가야 했다. 그중 가장 부가가치가 높은 부문이 의약품이었다. 염료와 화장품도 석유화학에서 나온다. 첨가제, 엔진오일도 마찬가지다. 모두 석유화학 다운스트림에 속하는 제품이다. 미국화학회장이 학생들에게 화학의 중요성을 인식시키기 위해 앙케트를 돌린 적이 있다.

"지구상에서 화학과 관련 없는 사물을 하나라도 찾아내 가져오면 1조 달러의 상금을 주겠다."

지금껏 아무도 찾아내지 못했다. 이처럼 화학은 미치지 않는 곳이 없을 정도로 폭넓은 분야이고 거대한 시장이 잠재돼 있는데도 당시 한국은 화학산업 불모지였다.

19세기 화학공업은 생필품 개발에서 출발했고 효시는 유연탄 타르다. 타르에서 만든 염료로 미생물을 염색하다 미생물이 죽는 것을 발견해 의약품 개발로 이어졌다. 화학공업의 시조격인 독일 바스프(BASF)도 염료 합성에서 시작됐다. B는 '바덴' 지방의 첫 글자이고 A는 '아닐린(aniline)', S는 아닐린으로부터 염료를 만드는 데 필요한 부재료 '소다(soda)'의 첫 글자, F는 공장(factory)의 첫 글자다. 19세기 유기화학공업은 염료 생산에서 시작해 의약품으로, 각종 생필품으로 확산됐다. 원자재는 유연탄에서 코크스를 만들 때 부산물로 얻어지는 타르였다. 2차대전을 전후해 미국의 석유 개발과 더불어 원자재가 석탄에서 석유로 대체됐고 오늘날의 석유화학이 탄생했다. 화학공업의 발상지라 할 수 있는 독일의 화학공업에서 석유화학 비중은 30% 안팎에 불과하다. 스위스는 석유화학 비중이 5% 정도로 낮고 나머지는 제약이나 염료 등 부가가치가 높은 정밀화학제품이 주류다. 정밀화학산업은 긴 시간을 두고 진화했는데 그 과정에서 여러 요소기술이 생겨나 전후방으로 얽히고 설켜 하루아침에 모방해 급속한 발전을 이룰 수 없는 분야다.

제품수명주기와 '루이스의 전환점'

제품이나 기술도 탄생해 성장하고 쇠퇴해 사라지는 수명주기가 있다. 기술의 수명 전 주기를 보면 맨 앞에 '파괴적 혁신제품'이 있다. 기존 제품을 몰아내고 시장을 지배하는 제품(dominant design)으로 자리매김한다. 이 제품은 제3자 경쟁으로 성능이 개량되는데 이 과정이 '제품혁신'(product innovation) 단계다. 더 이상 혁신이 이루어질 여지가 없어지면 제조공정 혁신이 뒤따른다. 여기까지는 혁신 과정에 속한다.

이 기술들은 각각 '물질특허'와 '프로세스특허' 보호를 받는다. 보호기간이 만료되면 아무나 만들어내도 되는 제품이나 기술이 되는데 이를 '범용제품' 또는 '범용기술'이라 한다. 수명주기의 마지막 단계다. 이런 과정을 거치면서 제품과 기술의 가치가 감소한다.

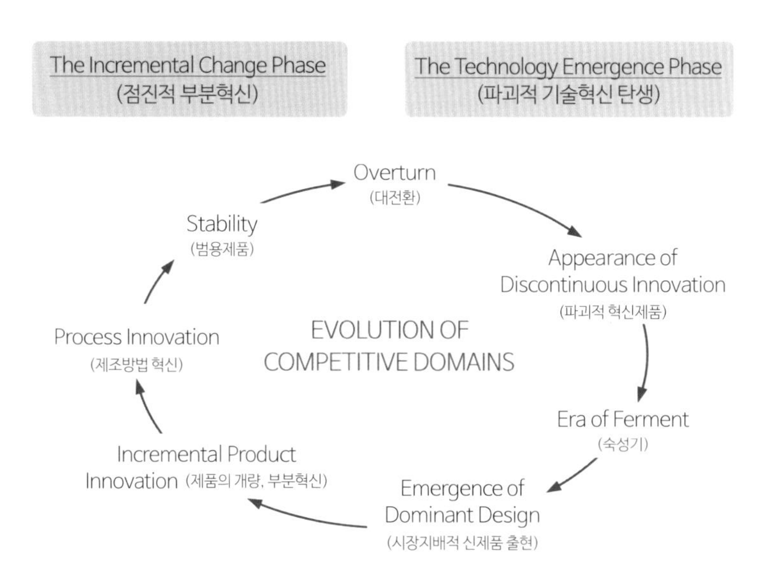

출처: Managing Technology and Innovation for Cometitive Advatage V.. K. Narayanan

개발도상국의 산업화는 기술수명주기의 끝에 있는 범용제품을 생산하는 데서 시작하며 우리도 1960, 70년대 이 과정을 거쳤다. 특허 보호가 이루어지지 않는 범용기술은 누구나 쉽게 진입할 수 있어 경쟁자가 많아져 가격경쟁이 치열해진다. 경쟁이 심해지면 이윤 폭이 줄어들 수밖에 없고 상승하는 인건비 등으로 생산성이 떨어져 경쟁력을 잃어 임금이 낮은 개도국으로 이전해 가게 마련이다. 이 공동화된 자리에 새로운 부가가치 산업을 채우지 못하면 경제는 파국에 이르는데 이 시점을 '루이스의 전환점(Lewisian Turning Point)'이라 한다. 윌리엄 아서 루이스(William Arthur Lewis)는 이 이론으로 노벨경제학상을 받았다.

저생산성증후군의 악순환

채영복은 기술적 측면에서 '저생산성증후군' 개념을 도입했다. 산업화 초기에 있는 나라들이 기술수명 맨 끝에 있는 범용제품에서 출발하는데 경쟁자가 많아져 이윤이 작아지고 혁신제품을 개발할 여력이 없게 돼 다시 범용제품 단계에 머무는 악순환에 빠지게 된다.

이 악순환고리에서 벗어나 혁신자들이 지니고 있는 선순환 고리에 진입하려면 기술혁신이 이루어져야 하는데 악순환 고리에 빠져든 기업들은 이윤의 폭이 작아 자력으로 기술혁신에 필요한 재원과 연구 인프라 마련이 불가능하다. 그래서 범용제품 생산에 머물 수밖에 없게 된다. 이것을 '저생산성증후군의 악순환'이라 한다.

반면, 혁신제품의 생산과 판매는 판매자 위주의 시장이 형성되고 이윤의 폭이 커 다음 혁신제품 개발을 위한 연구투자가 용이해지고 뒤이어 새로운 혁신 제품의 탄생으로 이어지는 선순환고리를 만든다.

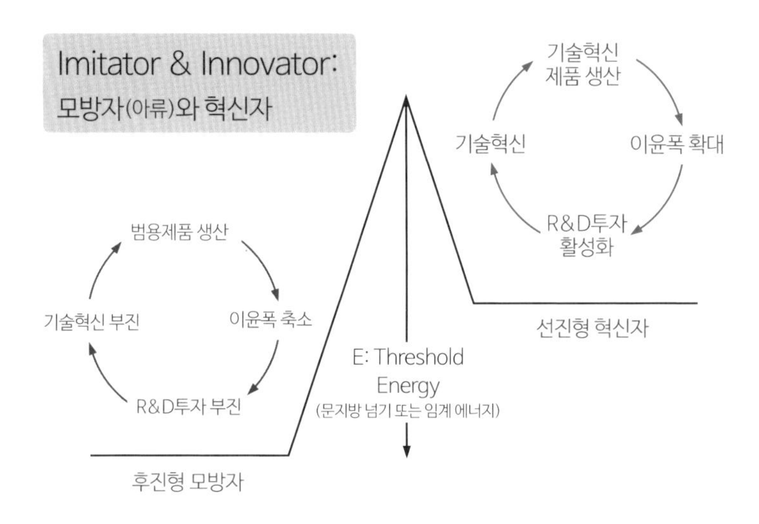

악순환고리에서 벗어나 선순환고리에 진입하려면 외부로부터 기술혁신에 필요한 에너지를 수혈 받아야 한다. 정부나 공공부문의 연구기관들의 역할이 그래서 중요하다. 일단 저생산성증후군에서 벗어나는 고비를 넘겨 선순환고리에 진입하게 만들어 주면 선순환이 계속될 수 있다.

초창기 KIST의 역할이 그런 것이었다. 1970년대 우리나라가 추구하던 산업기술 수준은 앞의 제품수명주기 도표 왼쪽 맨 끝에 위치한 범용기술을 도입하거나 국산화하는 일에서 시작해 산업을 일으키고 다시 이들 산업이 '저생산성 증후군의 악순환'을 극복할 수 있도록 새로운 기술을 개발해 공급했다. 수많은 신흥 산업국이 루이스의 전환점을 극복하지 못하고 중도에 주저앉았지만 우리는 이 문제를 극복하고 선진국 문턱에 서게 됐다. KIST 초창기의 업적은 기술 하나하나의 무게로 따지기보다 큰 흐름의 전환을 어떻게 주도해 왔는가에서 찾아야 한다.

저생산성증후군은 과거형이 아닌 현재진행형이다. 우리나라도 몇 개 대기업을 제외하면 저생산성증후군의 악순환고리에서 벗어나지 못하고 있다. 특히 중소기업이 그렇다. 흔히 중소기업 지원을 금융 지원으로 갈음하려 하는데 지속가능한 해결책이 될 수 없다. 환자에게 영양주사 한 방 놔주는 것과 같다. 근본적인 치유는 기술혁신을 돕는 것이다. 저생산성증후군에서 벗어나 선순환고리로 진입하도록 도와야 한다. 이 고비를 넘기 위해 필요한 에너지를 채영복은 '문지방 넘기 에너지(threshold energy)'라 명명했다.

독립채산제와 연구용역

KIST는 연구실 '독립채산제'와 '연구용역제'로 운영됐다. 바텔연구소의 운영시스템을 도입한 이 제도는 선진국에서도 시행하기 힘든 제도였는데 국내에서 처음 시도한 것이었다. 머릿속 지식은 '저녁 한 끼 사고 술 한잔 사면 거저 나누어 갖는' 게 통념이던 시절 '연구용역'을 통해 연구실을 '독립채산제'로 운영하는 것은 쉬운 일이 아니었다.

인건비를 포함해 경비, 자재비를 전부 연구실이 책임지고 자체 조달하는 독립채산제에 적응하지 못하는 연구실은 한시적으로 정부출연금으로 종잣돈(seed money)을 주어 자립을 유도했지만 끝내 자체 조달이 안 되면 폐쇄됐다.

삼성, LG를 포함해 어떤 기업도 연구소가 없었고 KIST가 산업 전체의 연구소 역할을 했다. 연구실은 기업이 필요할 것이라 생각되는 연구과제를 도출해 '연구용역제안서(proposal)'를 만들어 기업을 찾아가 설득하고 용역계약을 했다. 이런 저런 연구과제에 몇 사람을 투입해 몇 개월 내 연구를 마치면 얼마의 수입대체 효과와 이윤이 기대되니 얼마의 용역비를 달라고 하는 일은 생소했다.

대(對)정부용역도 같은 방법으로 추진했는데 '정부출연금' 개념도 이때 생겨난 개념이다. 정부가 지원하되 연구소가 알아서 돈이 없는 곳엔 시드머니를 주고 키워 용역을 하게 하든가 정부가 장차 필요로 할 일을 찾아 연구소가 알아서 쓰도록 했다.

독일 정부 초청 독일 연구기관 방문. 왼쪽에서 두 번째 최형섭 한국과학재단 이사장, 세 번째 채영복.

뒷줄 오른쪽에서 두 번째 최형섭 이사장, 네 번째 윤덕용 KAIST 총장, 앞줄 첫 번째 채영복.

가발장수가 된 KIST 연구원들

훗날 건설부 장관과 과학기술처 장관을 지낸 최종환 박사가 KIST 연구개발실장 시절 겪은 일화다. 대전에서 연구수탁사업을 논의하고 올라오는 기차 안에서 맞은편 노파가 최 박사에게 물었다.

"무얼 하러 다니는 분이시우?"

최 박사는 '연구용역'을 설명하기 어려워 엉겁결에 "머리 팔러 다니는 사람입니다" 했다. 그랬더니 노파가 "응, 가발장수구먼' 하고 웃었다.

용역이 생소해 힘든 분야도 많았다. 유치과학자 대부분이 대학 조교수나 연구원 경력이 전부이고 산업계에 종사했더라도 극히 좁은 분야에서였는데 하루아침에 '기술입국'과 '경제자립'이란 어젠다로 사업계획을 만들고 용역으로 독립채산을 하다 보니 스트레스가 이만저만이 아니었다. 그래서인지 초창기 영입된 유치과학자 18명 중 훗날 암으로 사망한 이가 3분의 1에 이를 정도였다.

김뽈리나의 인물사진집 《한국의 저력》(1990)에 수록된 각계 유명인사 70명 중 채영복이 포함됐다.

기적의
유기합성연구실
우리도
의약품 만든다

한국농약은 채영복 유기합성연구실이 개발한 바이엘 제품 DDVP의 국산화기술을 산업화하기 위해 기술제휴한 바이엘의 동의를 얻어내야 했다. 한농은 하나라도 더 국산화하려 했고, 바이엘은 자사 제품의 한국 내 생산을 되도록 피하고 싶어 유기합성연구실의 성과물을 폄하했다. 논쟁 끝에 두 회사의 프로세스를 비교해 보기로 했다. 그 결과 놀랍게도 반응시간, 반응온도 등 모든 조건에서 거의 일치했다. 바이엘은 놀라움을 금치 못했다.

메토클로프라미드, 페니실린계 항생제

채영복이 석유화학 다운스트림 국산화연구를 시작하면서 대상 품목으로 가장 먼저 눈에 띈 것이 의약품이었다. 종근당, 동아제약 같은 제약사들이 있었지만 기술 수준이 취약했다. 해방 직후에는 태블릿이나 캡슐 만드는 기술도 없었다. 매약이 위주였다. 1960년대 외국회사들과의 기술제휴로 의약품 주성분을 들여와 꾹꾹 눌러 태블릿을 만들고 캡슐에 넣어 포장하는 단계에 접어들고 있었다. 그나마 기술제휴로 가능했고 기술료(로열티)를 지불해야 했다.

다국적기업들은 기술제휴라는 명목 하에 의약품 주성분을 공급해 주고 제제화하는 기술을 가르쳐 주는 대신 주성분 가격을 높게 책정해 많은 이익을 취하고 있었다. 주성분을 만드는 건 꿈도 꾸지 못했다. 국산화할 수 있다면 이윤의 폭이 컸겠지만 국내에는 합성기술이 없고 합성법은 특허로 촘촘히 보호되고 있어 국산화는 엄두도 내지 못했다. 그런 상황에서 KIST 유기합성연구실이 이들 의약품 주성분의 국산화를 위한 연구에 도전하고 나선 것이다.

채영복이 1970년 첫 용역사업으로 어느 제약사에 연구용역제안서를 보내며 용역비로 250만 원을 청구했는데 제약사에서 채영복을 뒷조사 한다는 얘기가 들려왔다. 그런 거금을 맡겨도 될 지, 해낼 능력이 있는지 의심했던 것이다. 테헤란로에 조성한 KIST 주택단지 한 필지가 7만 원 하던 때였다.

채영복의 유기합성연구실이 첫 계약한 연구과제는 위장약 '메토클로프라미드'을 합성하는 것이었다. 동아제약이 수입해 제제화해 판매하던 '메토클로프라미드'라는 의약품 주성분을 국산화하는 연구를 동화약품과 용역계약을 맺은 것이다.

동화약품에겐 거금을 쏟아붓는 큰 모험이었지만 채영복은 자신있었다. 합성공정이 다소 복잡했지만 부피가 작아 공업화하기 비교적 쉬웠고 부가가치가 상당히 높은 품목이었다. 동화약품은 국내에서 가장 오래된 제약사였지만 유기화학 합성기술이나 인력이 있을 리 만무했다. 연구개발한 합성법을 전수받을 기술진이 없어 동화약품은 윤광열 사장의 조카로 서강대 화학과 3학년인 윤성진을 휴학시켜 기술이전에 합류하도록 했다.

생산시설이라야 수입량을 충족하는 데 20~30리터 유리플라스크 몇 개면 충분했고 별도 공장도 필요 없어 쉽게 기술이전을 할 수 있었다. 이 제품을 동아제약 등 여러 회사에 공급하고 일본에 수출도 했다. 70년이 지난 지금도 주사제 '맥페란'과 '맥페란정', '맥소롱' 등으로 시판되고 있다.

두 번째 연구용역은 페니실린계 항생제 중 신제품으로 등장한 '암피실린' 합성이었다. 역시 동화약품의 용역사업이었다. 용역은 성공리에 마무리됐는데 마침 급성맹장염수술을 받은 채영복은 실험실에서 만든 암피실린 시제품을 자기 몸에 투약해 시험하기도 했다.

두 연구에 참여한 조병태 연구원은 이후 동화약품에 이사로 스카우트돼 동화약품 기술개발 시스템을 구축하는 데 기여하고 훗날 한림대 교수가 됐다. 항생제 연구는 암피실린에서 아목사실린 등 페니실린 유도체 합성으로, 세파로스포린계 항생제 합성 연구로 확대됐다.

〈수출입연보〉와 〈바일슈타인〉

매년 국세청에서 〈수출입연보〉를 발간했다. 은행에서 신용장을 떼 수입하려면 세부적인 아이템을 적어 얼마치를 사들인다는 원장을 떼기 때문에 연말에 정부가 이들을 합산하면 A 품목은 얼마를 수입했고, B는 얼마를 수입했는지 다 나왔다.

그것을 들여다보면 국산화할 아이템이 눈에 들어왔다. 채영복은 〈수출입연보〉를 샅샅이 뒤져 수입액이 크고 단가가 높은 품목을 골라냈다. 기술 파급효과가 있고 품목이 큰 순서대로 제안서를 적어 기업에 보내면 기업들이 앞다퉈 찾아와 계약했다.

채영복은 의약품 주성분 국산화를 확대해 나갔다. 이를 위해서는 몇 가지 난관을 극복해야 했다. 이 분야 기업들의 유기합성기술이 백지상태였고, 이들 제품 대부분이 특허로 철저하게 보호돼 있어 특허청구범위를 우회할 합성법을 찾아내야 했다. 통상적으로 특허 출원자는 특허청구범위를 설정할 때 자기들이 연구한 범위보다 넓게 청구해 방어망을 쳐놓기 때문에 이를 벗어날 합성법을 찾아내는 게 쉽지 않았다. 이에 필요한 기술 수준은 1970년대나 지금이나 큰 차이가 없다.

다른 산업부문에서는 대체로 특허가 만료돼 누구나 접근할 수 있는 범용제품 생산기술을 도입하거나 국산화했는데 채영복 유기합성연구실은 달랐다. 거의가 특허로 보호되고 있어 우회할 수 있도록 합성기술을 혁신하지 않으면 한 발짝도 내디딜 수 없었다.

바늘구멍만한 우회기술을 찾아내는 노력이 하나둘 성공을 거두었다. 연구소 도서관이 소장한 수십 권이 넘는 《바일슈타인》(유기물질을 망라한 독일어사전)을 통째 연구실에 옮겨놓고 모두 둘러앉아 새로운 합성법 찾기에 골몰한 결과였다.

결핵치료제 '에탐부톨'

한독약품은 합작 파트너 훽스트(Hoechst)로부터 다양한 의약품 주성분을 도입하고 있었는데 대부분 매우 고가여서 채영복 연구팀이 국산화를 시도했다. 훽스트의 불만이 없지 않았지만 합작사여서 어차피 이익의 절반을 가져가게 돼 있으니 문제삼을 구실을 찾지 못했다. A 제품을 국산화하면 훽스트는 그 제품 생산에 필요한 중간원료 B를 공급하면서 앞에서 잃어버린 이윤 일부를 B에다 덧붙여 제공하는 전략을 쓰곤 했다. 그러면 채영복은 B를 다시 국산화하는 식으로 연구개발을 해나갔다.

훽스트는 KIST 부소장 양재현 박사와 채영복을 독일로 초청해 칙사 대접까지 했지만 채영복의 국산화연구는 계속됐다. 훽스트에서 채영복을 조사하러 직원을 파견하기도 했다. 연구실도 방문하고 채영복을 만나 함께 즐거운 시간을 보내기도 했는데 후문에 따르면 돌아가 "채영복은 철저한 민족주의자다. 어찌 할 수 없다"는 보고서를 썼다고 한다. 이런 악연으로 맺어진 친분으로 훽스트는 훗날 채영복이 신약 연구개발을 시작할 때 도움을 주기도 했다.

한독약품과 수행한 연구 중 빼놓을 수 없는 것이 결핵치료제 '에탐부톨' 합성 연구다. 1970년대 초 우리나라 결핵환자는 인구의 4%

에 달해 100만을 웃돌았다. 빈곤국이 다 그렇듯 영양상태가 좋지 못했고 생활환경이 취약했던 탓이다. 현재 우리나라 결핵환자는 3~4만으로 줄어 0.1% 수준이지만 아직도 OECD 국가 중 최고 수치다. 결핵으로 인한 연간 신규 감염자는 전 세계적으로 1,000만을 웃돌고 있고 사망자 수가 140만이 넘는다. 세상을 발칵 뒤집어놓은 코로나19 사망자 수에 버금간다.

'에탐부톨'은 아메리칸시안아미드(American Cyanamid)가 1968년 개발한 2차결핵치료제로 국내에서는 1970년대 초 유한양행이 기술제휴 조건으로 주성분을 들여와 제제화해 독점 판매하고 있었다. 수입가격은 톤당 20만 달러로 국민들에 부담이 컸다.

1972년 〈수출입연보〉에서 이 제품을 찾아내 채영복의 유기합성 연구실에서 국산화에 나서기로 했다. 제조공정이 철저하게 특허로 보호돼 있어 특허 청구범위를 벗어난 새로운 프로세스 개발 없이는 생산이 불가능했다.

합성기술 외에도 '광학이성체 분할'이란 까다로운 기술이 포함돼 프로세스 개발이 만만치 않았다. 중간화합물 '2-아미노부탄올'은 편광을 왼쪽 또는 오른쪽으로 회전시키는 두 광학이성체가 50%씩 혼합돼 있는 물질이다. 천연물은 대개 빛을 왼쪽으로 회전시키는 '좌선형' 화합물이지만 합성화합물이 비대칭 탄소원자를 함유하는 경우 좌선형과 우선형 화합물이 반반씩 공존한다. 이중 우선형 '2-아미노부탄올'은 시력장애를 초래하는 부작용이 있어 철저히 분리제거 한 후 에탐부톨을 만들어야 했다.

중간원료인 '2-아미노부탄올'의 합성 프로세스는 '1-니트로프로판'이라는 화합물을 주된 출발원료로 합성하는데 이 부분은 이미 알려진 제조방법이어서 기존 프로세스를 통해 순조롭게 개발을 마쳤다. 이로부터 에탐부톨의 새로운 합성법이 개발돼 국산화연구에 착수한 지 1년 만인 1973년 파일럿플랜트(시범공장)를 지을 단계에 이르렀다.

양산을 위해 출발물질 '1-니트로프로판'을 대량 발주했는데 뜻하지 않게 암초에 부닥쳤다. 중간원료 '1-니트로프로판'을 아메리칸시안이미드가 생산 현장에서 매점매석해 타사의 구매를 차단해 버린 것이다. 이 물질은 파라핀류의 니트로화 공정으로 생성되는 부산물로 생산이 까다로워 아메리칸솔트가 세계 유일한 제조사였는데 여기서 생산되는 '1-니트로프로판' 전량을 아메리칸시안아미드가 매점해 타사의 에탐부톨 생산을 원천 봉쇄한 것이다.

출발물질의 구입이 어려워진 채영복은 원점으로 돌아가 출발원료부터 다른 화합물로 대체하는 방법을 찾아야 했다. 다시 1년을 헤맨

KIST R-3에 건설된 에탐부톨 파일럿플랜트

끝에 출발원료 '1-니트로프로판'을 '1-부틸렌옥사이드(butylenoxide)'로 대체하는 데 성공했다. 이 출발물질은 범용이어서 누구도 독점할 위험이 없는 화합물이었다. 새로운 공정으로 시범공장을 건설하던 중 채영복은 두 번째 시련에 부닥쳤다. 아메리칸시안아마이드가 에탐부톨의 국내 수출가격을 톤당 20만 달러에서 12만 달러로 덤핑하기 시작한 것이다. 그러나 여전히 이윤 폭이 충분해 연구는 계속됐다.

시범공장을 건설할 때도 복잡한 공정의 공장을 설계하고 건설한 경험이 부족해 힘이 들었다. 특히, 글라스라이닝 반응조와 납으로 라이닝된 반응조 등을 생산해 조달하는 과정에서 품질문제로 애로를 겪었다. 공업화연구실 최희운 실장을 비롯해 박명치, 권영수 연구원이 고생했다. 반응에서 소량 섞여 나오는 '1-아미노부탄올'을 주산물인 '2-아미노부탄올'로부터 분별 증류해 분리하는 과정에서

한독약품 에탐부톨공장 모형. 가운데가 한상준 KIST 소장, 오른쪽이 채영복이다.

도 미세한 끓는점 차이로 어려움을 겪었는데 이를 극복하기 위해 권영수 연구원이 증류탑 설계 과정에서 고생했다.

실험실 연구를 시범공장 규모로 키우는 과정도 만만치 않았는데 김운섭 연구원이 온몸으로 돌파했다. 시범공장이 완공되자 공장 운영에 많은 연구인력 투입이 필요했는데 다행히 기술이전을 해갈 한독약품 직원이 다수 참여했다. 훗날 한독약품 전무로 승진한 유용근 부장이 이균상 팀장 등을 데려와 1년 넘게 시험생산을 거쳐 공장 건설에 필요한 데이터 수집과 기술이전이 완료됐다. 이 데이터를 근거로 공업화연구실이 공장 설계를 완성하고 한독약품과 합작한 훽스트 엔지니어들이 한국에 파견돼 설계도면을 보완했다.

1976년 5월 25일 준공식을 가졌다. 국내 최초의 대규모 현대식 의약품 주성분 생산 공장이 건설된 것으로 의약 주성분 국산화 가능성을 제시하고 의약품 주성분 생산의 기폭제 역할을 했다.

1976년 한독약품 에탐부톨공장 준공식

1976년 한독약품 에탐부톨공장 준공식. 감사패 받는 채영복

에탐부톨공장 준공식 후. 왼쪽에서 두 번째부터 양재현 KIST 부소장, 김신권 한독약품 회장, 한상준 KIST 소장, 파이크 한독약품 부사장, 채영복, 최희운 공업화연구실장

한독약품이 생산한 에탐부톨 주성분 생산기술은 보호돼 수입금지는 물론 기술 도입도 차단됐고 유한양행은 아메리칸시안아미드 대신 한독약품에서 주성분을 공급받아야 했다. 보호기간이 끝나기가 무섭게 아메리칸시안아미드는 유한양행에 중간원료를 공급해 자체 제품을 생산해 한독약품은 시장을 잃어버리는 아픔을 겪었다. 채영복은 기술보호기간 중 한독약품이 주성분을 유한양행에 공급하는 데 급급하지 않고 스스로 제제화해 자체 시장을 확보했다면 판도가 달라졌을 것이란 아쉬움이 크다.

[American Cyanamid Process]

$CH_3CH_2CH_2NO_2 + CH_2O$ ···› d, l $-CH_3CH_2CH-CH_2OH$
NO_2

···› d,l $-CH_3CH_2CHCH_2OH$ ···› optical resolution (tartaric acid)
NH_2

···› d $-CH_3CH_2CHCHOH + ClCH_2CH_2Cl$
NH_2

···› d $-CH_3CH_2CHCH_2OH$
NH
CH_2
CH_2
NH
$CH_3CH_2CHCH_2OH$

[KIST Process]

$CH_3CH_2CHCH_2+NH_3$ ···› $CH_3CH_2CHCH_2NH_2+SO+H_2SO_4$
O OH

···› +NaOH ···› $CH_3CH_2CHCH_2+NaOH$ ···›
N

d,l $-CH_3CH_2CHCH_2OH$ ···› optical resolution ···› d $-CH_3CH_2CHCH_2OH$
NH_2 NH_2

···› Ethambutol

구충제 '메벤다졸'

1974년 미국에 있던 김충섭 박사가 유치과학자로 채영복연구실에 합류했다. 김충섭 박사는 신풍제약과 구충제 '메벤다졸' 합성 연구용역계약을 체결했다. 김 박사의 '메벤다졸' 국산화 제안이 김 박사 동문인 신풍제약 상무를 통해 장용택 사장에게 전해졌고 김 박사는 신풍제약과 연구용역을 맺어 메벤다졸의 새로운 합성법 개발에 성공했다.

이 기술은 개발 완료 즉시 보사부로부터 5년간 수입금지, 기술 도입 금지, 타사의 중복생산을 불허하는 보호조치를 받았다. 보사부 약사심의회 위원으로 참가한 채영복은 초기에 에탐부톨 등에서 국산기술보호정책이 혼선을 빚는 경험을 한 뒤라 기술보호가 신속하고 철저하게 이루어지도록 신경썼다.

유한양행이 다국적기업 얀센과 기술제휴로 수입해 시장을 장악하고 있던 이 품목은 고스란히 신풍제약으로 귀속됐고 5년간 큰 수익을 냈다. 그 후 김충섭 박사는 연이어 간디스토마치료제 '프라지콴텔' 합성법을 신풍제약과의 용역계약으로 개발해 역시 기술보호를 받았다.

독일 정부는 우리 외무부에 자국 기업의 기술 침해를 중단해 달라고 항의했다. 외무부는 KIST에 "웬만하면 양보해 이런 소소한 문제로 국제분쟁을 야기하지 않는 게 좋지 않겠느냐?"고 권고했지만 우리나라에는 물질특허제도가 도입돼 있지 않아 새로운 프로세스를 개발하는 한 특허법상 법적문제가 제기될 수 없어 양보하지 않았다.

두 품목은 신풍제약이 도약하는 발판이 됐다. 그 후 아프리카, 동남아 등지로 수출길이 열리면서 가파른 성장세가 이어졌다. 첫 번째 연구계약이 이루어질 무렵 신풍제약의 연매출은 1억 원에 불과했고 공장이라야 주택가에 있는 제제화할 최소한의 시설이 전부였다. 그 후 김충섭 박사는 유한양행 연구소장으로 스카우트됐고, 다시 CJ 전무로 가 연구개발(R&D) 시스템을 구축한 후 1990년 한국화학연구소장으로 돌아왔다.

한독약품 에탐부톨공장

김충섭 박사의 회고

1974년 4월 KIST에 채용돼 채영복 박사가 이끄는 유기합성연구실에서 연구를 시작했다. 국가가 비용을 주는 연구보다 산업계에서 연구비를 받아 수입제품을 국산화하는 연구가 주였다.

유기합성연구실은 고가로 수입되는 의약품원료를 국내에서 제조하는 연구가 주업무였는데 물질특허제도가 도입되지 않아 국내에 등록된 제조특허만 피하면 제조할 수 있었다. 그러나 연구 환경이 너무 열악해 시약, 실험기구, 문헌 등 연구 자료를 외국에서 들여와야 했는데 보통 두세 달이 걸렸다. KIST에서 연구를 시작하면서 어렸을 때 미국의 원조로 공급된 회충약 산토닝을 먹고 세상이 노랗게 보이거나 회충이 항문에 걸려 고생했던 기억이 있어 미국에서 공부할 때 효과적인 회충약에 관심을 가지고 문헌을 찾던 중 얀센이 개발한 회충약 메벤다졸이 효능이 우수해 문헌을 조사해 귀국했다.

유한양행이 얀센으로부터 메벤다졸 원료를 수입해 '버막스'라는 제품명으로 독점 판매하고 있었다. 기업체 연구비 유치가 잘 안돼 고심하던 중 유한양행에 원료 생산 연구를 제안했지만 얀센과의 관계로 연구용역을 할 수 없다고 했다. 효과가 가장 좋은 회충약이어서 국내 여러 제약사가 관심을 보였지만 원료가 공급되지 않아 복제가 불가능했다.

신풍제약에 다니는 대학동기 김홍진 상무를 통해 김철 전무와 상의한 결과 연구를 의뢰하겠다고 해 1년간 450만 원의 용역비로 계약했다. 계약 후 얀센의 제조법이 다행히 국내에 특허가 출원돼 있지 않아 제조법을 모방하려고 했지만 가장 중요한 원료를 독점 생산한 미국 회사에서 공급할 수 없다고 했다. 결국 쉽게 구입할 수 있는 원료를 사용한 새로운 제조법을 고안해 메벤다졸 합성에 성공했고, 국내와 미국에 제조특허를 신청하고 신풍제약에 기술을 이전해 국내 생산을 했다.

대부분의 의약품 원료가 외국에서 고가로 수입됐기 때문에 보사부가 국내에서 특허방법으로 제조해 국내 수요를 충족시키는 의약품원료에 대해서는 일정기간 수입금지 조치를 하는 법안이 제정됐다. 신풍제약이 국내에서 생산한 메벤다졸도 원료수입금지품목으로 지정돼 유한양행도 신풍제약으로부터 원료를 공급받게 됐다.

메벤다졸 원료가 국산화되면서 수입이 금지되자 얀센이 "한국이 원료를 생산할 능력도 없으면서 수입가를 낮추려 거짓말을 한다"며 직접 와서 확인했다는 얘기도 있다. 제조특허도 국내와 미국에 동시에 출원했는데 국내에서 특허 인정을 미루다 미국 특허가 인정되자 바로 내주었다. 이러한 업적으로 1980년 4월 21일 '과학의 날'에 최규하 대통령으로부터 국민포장을 받았다.

신풍제약은 연매출 1억 원 정도의 중소 제약사였다. 메벤다졸의 국산화 성공은 장용택 사장의 매출 증대를 위해 원료를 확보하고 김철 전무가 실험실 제법을 면목동 주택가에서 산업화하고 화재사고에도 공장을 중동과 반월공단으로 이전해 대량생산 체제로 바꾼 결과다.

두 번째 연구는 간디스토마 치료제 프라지콴텔이었다. 폐·간디스토마는 우리나라 농촌의 풍토병으로 낙동강유역을 비롯해 전국 하천의 물고기를 회로 먹으면 거의 감염됐다. 강이나 하천 유역 주민

대부분이 감염환자였고 특효약이 없어 거의 불치병이었다.

독일 머크(Merke)가 나일강 유역에 만연한 주혈흡충과 디스토마충의 특효약을 개발해 우리나라에서 임상시험 하던 중 하루이틀 복용으로 완치된다는 정보를 서울대 임상팀으로부터 받은 장용택 신풍제약 사장이 구충제 개발에 성공한 나와의 인연으로 국산화연구를 제안했다. 검토한 결과 머크의 제조법은 중간체 합성에 200기압 이상의 고압수소환원이 필요했다. 당시 국내에는 그 정도 고압 기술과 장비가 없어 대량생산이 불가능했다. 일단 연구계약을 하고 머크의 제조법을 모방해 개선하는 방향으로 검토했지만 기존 특허 방법으로는 실험실에서도 거의 불가능했다.

국내 여건에서 실행할 새로운 방법을 생각하던 중 프라지콴텔 구조를 퍼즐처럼 분해해 국내에서 구입 가능한 원료로 개발할 아이디어를 고안했지만 독일 훔볼트재단 초빙연구원으로 신청한 안식년 휴가가 확정돼 독일로 떠나야 했다. 독일에 있는 동안 김중협 박사가 계속 제조방법을 시도했지만 내가 독일에서 돌아온 1981년 9월까지 별 성과가 없었다.

나는 독일에서 귀국한 후 신풍제약과 정부가 공동으로 지원하는 연구비로 연구계약을 하고 독일로 가기 전 고안해 둔 방법으로 실험을 시작했다. 몇 차례 실험에도 예상한 결과가 나오지 않았지만 포기하지 않고 반응조건을 바꿔가며 실험을 계속하던 어느 날 중간체가 아주 소량이나마 만들어지는 걸 확인했다.

물질의 수율을 높이는 반응 조건을 집중적으로 연구해 산업적으로 시행할 정도의 중간체가 만들어지는 합성법을 개발해 신풍제약에 기술을 이전했다. 국내에서 처음으로 제조된 의약품원료에 대해서는 몇 년간 보호기간과 수입 제한이 있었기 때문에 이 약을 국내에 독점 공급한 머크는 외무부를 통해 집요하게 문제를 제기했다.

원료의 국내 생산을 막기 위해 개발한 제조기술을 사겠다는 제안이 있었지만 장용택 사장은 나에게 약간의 금전적인 보상을 해주면서 기술이전을 거절했다. 불치병약으로 알려져 고가 수입에 의존하던 프라지콴텔의 국내 제조법 개발이 알려지면서 모든 매스컴이 며칠간 보도했고 〈월간조선〉은 개발 과정을 커버스토리로 다루면서 나는 물론 가족들 사진까지 실었다. 그해 전두환 대통령이 주관한 청와대 과학기술진흥확대회의에서 기술개발 성공사례로 발표했고 국민훈장 동백장을 받았다. 영웅이 된 기분이었고 '끈질긴 노력에 대한 보상이 이런 거구나' 했다.

국산화 기술 로열티도 개발자에게 보상금으로 돌아와 경제적으로도 도움이 됐다. KIST에서도 임관 원장이 고액의 보상금을 주겠다고 발표했지만 기관 합병 혼란으로 약속이 지켜지지 못했다. 신풍에서는 기술이전에 대한 로열티가 들어와 KIST가 일부를 제하고 나머지를 연구팀에 지급해 공헌도에 따라 분배했다.

성공적인 연구결과가 알려지면서 유능한 약과학자로 부각돼 유한양행에서 새로운 연구소를 짓고 연구소장을 영입한다면서 공장장인 박영주 전무에게서 소장 자리 제안이 왔다. 박 전무는 대학 5년 선배로 유한양행 소사공장 품질관리과장으로 있을 때 대학 3학년 여름방학 기간 3주간 인턴으로 일하면서 알게 됐다.

KIST도 과학원과의 합병으로 어수선해 유한양행 연구소장으로 5년간 근무하기로 하고 KIST를 사직했다. 사직 과정에서 프라지콴텔 로열티로 매년 들어오게 돼 있는 보상금을 계속 받고, 집 구입 때

KIST에서 받은 무이자 융자 상환도 미룰 겸 1년 휴직을 신청했으나 박원희 원장이 거절했다.

KIST와 과학원(KAIS) 합병에 대한 불만으로 이직하는 것이 정부 정책에 대한 반대로 간주됐는데 최남석 박사의 LG연구소 이직과 나의 경우가 대표적인 예가 돼 합병을 추진하던 과기처의 입장을 난처하게 만들기도 했다.

세파로스포린

1977년 채영복은 독일 쉐링에 근무하던 김완주 박사를 유치했다. 유기합성연구실에서는 피임약 국산화 연구를 추진하고 있었고 김 박사는 쉐링에서 스테로이드를 합성한 경험이 있어 초기에는 스테로이드계 합성 연구에 참여했다.

유기합성연구실에서 페니실린계 항생제 합성 연구가 확장되면서 합세해 세팔로스포린계 항생제 신기술 개발 연구에 참여하게 됐고 많은 성과를 거두었다. 연구 성과들은 한미약품에 이전됐다. 한미약품이 초창기여서 작은 슬레이트움막 같은 곳에 원시적인 생산을 시작했는데, 채영복은 기술이전 차 김완주 박사와 '움막공장'을 드나들었다.

김 박사는 세팔로스포린계 항생제 중 신제품인 '세파탁심'에 이어 '세파트리악손' 국산화에 성공했고 이 제품은 임성기 회장의 탁월한 비즈니스 능력으로 물질특허 제약을 받지 않는 동유럽과 동남아 등지로 수출하기 시작했다. 원천기술 보유자인 다국적기업이 이를 견제하기 위해 특허소송을 제기했지만 우리나라는 물질특허제도가 없고 프로세스특허 범위를 침해하고 있지 않아 우리가 승소했다.

다국적기업은 우리의 수출만은 막아내야겠다며 한미약품에 해외 수출을 막는 조건으로 600만 달러의 기술료를 지불하기까지 했다. 한미약품은 제품을 수출하지 않는 대신 매년 100만 달러씩 6년간 기술료를 받게 됐다. 이런 인연으로 한미약품은 김완주 박사팀을 모두 스카우트했고 그들이 오늘날 한미약품의 연구개발시스템 구축을 주도했다.

한미약품이 수조 원대 기술수출의 개가를 올렸을 때 화학연구원에서 임성기 회장을 연사로 초대했다. 임 회장은 강연에서 "어려운 시절 연구개발 시스템을 구축하기 위해 와신상담 했고 남몰래 화학연구소 주변을 몇 번이고 배회했다"고 술회했다. 그 고민이 김완주 박사팀 전원을 스카우트하는 것으로 이어진 것이다. 임 회장과 채영복은 그 인연으로 각별한 사이가 됐고 임 회장은 훗날 채영복이 심혈을 기울여 설립한 한국파스퇴르연구소의 이사직을 맡기도 했다. 한미약품은 기술로 성장한 회사다. 채영복의 기여가 절대적이었다.

채영복의 유기합성연구실이 1970년대부터 1980년대 초반까지 10년간 추진한 연구과제는 열거할 수 없을 정도다. 의약 주성분 품목 중 연간 수입액이 국산화연구를 할 정도에 달한다고 판단된 품목은 대부분 연구개발 했다. 국산화연구가 성공하면서 유기합성연구실은 신뢰가 쌓이게 됐고 용역을 맡기려는 기업이 늘어 채영복연구실은 문전성시를 이루었다.

김완주 박사의 회고

1977년 9년 독일 유학생활을 끝내고 귀국해 채영복 박사의 KIST 유기합성연구실에 합류했다. KIST는 수입하는 제품의 제조기술을 개발해 기업에 이전하고 있었다. 이한빈 경제기획원 부총리가 KIST를 방문해 우리 연구실에 들렀는데 내가 '실험실에서 금을 만든다'는 주제로 브리핑했다. 금값이 킬로그램당 1만5,000달러 정도였는데 수입하던 스테로이드가 킬로그램당 10만 달러를 호가했다.

스테로이드는 소염진통제와 피임약으로 사용됐는데 나는 박사학위를 받은 후 쉐링제약에 들어가 스테로이드 합성 기술을 배울 기회가 있었다. 유한양행이 사용하던 베타메타손 발레레이트, 청계약품의 베타메타손 7.21 프로피오네이트, 한미약품이 수입하던 트리암시놀론 아세토니드 등은 내가 생산기술을 개발해 해당 기업에 기술 이전해 국산화에 성공한 제품들이다. 공장도 지을 필요 없이 실험실 규모에서 생산이 가능해 산업화가 수월했다.

트리암시놀론 아세토니드를 수입해 완제품을 생산하던 임성기 한미약품 사장을 운명적으로 만나게 됐다. 한미약품은 청계천 뒤 천막촌 가건물 2층에 사무실이 있었는데, 신설동 임성기약국 옆이었다. 당시 성병이 대유행이었는데 임성기약국은 이 분야에 전문화돼 있었다.

임 회장에게 3세대 세팔로스포린 생산을 권유했다. 채영복 유기합성연구실의 항생제 연구에 참여해 연구 방향을 3세대 세팔로스포린 합성으로 전환하고 있었다. 임 회장은 제안을 받아들여 세파탁심, 세파트리악소 등 거의 모든 3세대 항생제 생산기술의 연구를 위탁했는데 개발한 기술을 이전해 3세대 항생제 전문 생산업체로 큰 성공을 거두었다.

KIST에서 개발된 제품은 한미정밀을 통해 생산했는데 한미정밀은 KIST의 K-TAC이 25%, 한미약품이 70%, 그리고 개인이 5%를 투자해 설립한 회사였다. 여기서 생산된 제품들은 한미약품에 공급하고 한미약품은 완제품을 만들어 시판했다.

이를 계기로 나는'박테리아와의 전쟁'을 슬로건으로 항생제 국산화연구에 도전했다. 이는 신약물질인 퀴놀론 항생제 개발로 이어졌다.

채영복 박사가 처음으로'정밀화학'개념을 도입하면서 채 박사와 함께 〈정밀화학육성방안보고서〉 작성에 참여했는데 보고서가 국회에 제출되면서 제3차경제개발계획에 정밀화학 부문이 처음 삽입됐고 나도 KDI 연구팀과 함께 정밀화학 개발계획 수립 실무팀에 참여했다.

제5공화국 출범 후 첫 번째로 개최된 과학기술진흥회의에서 발표할 '정밀화학공업육성방안' 브리핑자료를 만드는 작업에 제약공업협회 대표 허용 삼일제약 회장, 과기처 진흥국장 등과 함께 발표자료를 만들었는데 이때 정밀화학진흥회 신약연구조합, 신농약연구조합 설립안도 나왔다.

이 자리에서 나는 국민훈장 목련장을 받았고 헤드테이블에서 대통령과 식사하는 영광도 얻었다. 헤드테이블에 국무총리, 정주영 회장, 이병철 회장, 김우중 회장 등도 앉았는데 정 회장이 대통령에게 "현대전자를 설립하겠다"고 말하는 것을 들었다. "가전이 아니라 반도체를 생산하겠다"고 했다. 하이닉스의 전신이 된 것이다.

정밀화학공업진흥회 신약연구조합, 신농약연구조합 설립은 화학연구소 고문이던 이성범 박사와 내가 함께 정관도 만들었다.

물질특허제도 도입 압력이 거세지면서 경제기획원에 '물질특허대책위원회'가 발족했고 나는 실무회의에 참여했다.

1982년 채영복 박사팀이 대전 화학연구소로 이전할 즈음 나는 성균관대 교수로 자리를 옮겼다. 학교에 가보니 실험실도 연구기자재도 전무했다. 학생들은 매일같이 화염병을 들고 데모하고 있어 강의나 연구가 이루어질 수 없는 분위기였다. 고민에 잠겨 있을 때 화학연구소장 채영복 박사의 권유로 연구소로 돌아왔다.

화학연구소가 추진 중인 신물질 창출 연구에 참여해 신의약·신농약연구사업단 초대 단장을 맡아 퀴놀론계 항생제 개발을 주도해 훗날 영국 비참에 기술을 라이선싱했다.

농약 주성분 국산화

의약 주성분 국산화가 어느 정도 이루어졌을 무렵 채영복의 유기합성연구실은 살균·살충·제초제 분야로 연구 영역을 확대했다. 식량자립을 이루려면 단위면적당 수확량을 늘려야 했다. 쌀 증산을 위해선 통일벼처럼 품종 개량도 해야 했지만 농약 개발이 더 시급했다. 우리는 외국에서 원료를 전량 수입해 제제화하고 병에 담는 기술밖에 없었다. 농약 주성분은 다국적기업이 독점해 시장을 지배하고 있었고 의약품과 마찬가지로 합성기술이 특허로 보호되고 있어 판매자 위주로 가격이 형성돼 고가였다.

제초제, 살균제, 살충제 등의 농약 연구가 한창이던 1974년 어느 날 훤칠한 키에 잘생긴 젊은 신사가 연구실로 들어왔다. 신준식 한국농약 사장이었다. 신 사장은 채영복이 추진 중인 연구프로젝트들에 관해 설명을 듣고 채영복연구실에서 추진하는 농약 연구 과제 전체에 몇 가지 살균·살충제 연구과제를 덧붙여 일괄 연구용역계약을 할 의사를 밝혔다. 끝나지도 않은 연구과제들을 입도선매 하겠다는 것이었다.

연구비가 1억3,000만 원에 달했는데 지금 돈으로 50억 원이 넘었다. 한농은 독일 바이엘에서 농약 주성분을 수입해 제제화해 판매하고 있었는데 신 사장이 제안한 연구과제 중에는 5~6종의 바이엘 제품도 포함돼 있었다.

첫 번째 연구가 산업화에 들어갔다. 벼이화명충 방제 다이아지논과 중간원료인 HOP 생산 기술이었다. 다이아지논은 서울농약이 일본화성으로부터 수입하던 제품이어서 국산화 문제로 한농과 서울농약 간 다툼이 있었지만 의견 조율 끝에 우선 중간원료인 HOP를 생산해 서울농약에 공급하고 서울농약이 다이아지논을 생산하기로 합의가 이루어졌다.

HOP 생산을 놓고 한국농약은 주성분을 공급하는 다국적 기술제휴사 눈치를 보지 않을 수 없었다. 그래서 한국농약이 직접 생산하지 않고 별도 회사를 설립해 생산하기로 했다. 원만한 기술이전을 위해 회사 설립에 KIST가 참여하는 것이 바람직한 것으로 의견이 모아졌다.

K-TAC과 한정화학

KIST는 연구과제 산업화를 촉진하기 위해 운영하던 벤처투자사 K-TAC을 통해 지분 50% 참여로 한농과 합작사를 설립했다. 채영복연구실에서 이 분야 연구에 참여했던 김운섭 연구원이 기술을 총괄하고 운영은 윤여경 K-TAC 사장이 맡기로 했다. 회사명은 '한국정밀화학'으로, 다시 '한정화학'으로 줄여 인천 남동공단에 공장을 지었다.

첫 제품으로 HOP가 생산에 들어가 서울농약에 공급하면서 다이아지논의 국내 생산 시스템이 구축됐다. 우리나라에서 처음 생산되는 농약 주성분이었다. 한국농약이 채영복 유기합성연구실에 거액을 투자한 데는 연구과제에 포함됐던 바이엘 제품의 시장보호 전략이 포함돼 있었던 것 같다. KIST와 연구계약을 해두어 다른 회사들이 자사 제품을 KIST를 통해 국산화하는 것을 봉쇄하기 위함이었을 것이다.

HOP는 국내 수요 충족은 물론 수입을 하던 일본화성에 역수출하는 성과를 거두면서 한정화학은 매출이 매년 30%씩 늘었다. 한정화학은 채영복 유기합성연구실의 연구결과 들을 하나둘 산업화했는데 BPMC도 그중 하나다. 사세가 급성장해 몇 년이 지나자 인천공장이 협소해져 반월공단에 공장을 증설했다.

KIST는 늘어나는 증자 지분을 감당하지 못해 한농에 지분을 전량 매각했는데 매각 후 얼마 안 돼 한정화학의 모회사 한농이 동부그룹에 적대적 M&A 되면서 한정화학도 동부에 편입돼 버렸다. 그 후 LG생명과학으로 합병됐다.

K-TAC은 KIST가 100% 지분을 가진 우리나라 초유의 벤처캐피탈이었다. 1970년 초 이미 벤처캐피탈 개념이 도입 됐으니 한 세대

앞줄 왼쪽부터 김운섭 한정화학 기술담당 이사, 김성진 과기처 장관, 신준식 한농 사장, 채영복

한정화학 제1공장(인천남동공단) 상량식

제2공장(반월공단)

나 앞선 것이었다. K-TAC은 많은 일을 해냈다. 한정화학은 장성도 박사팀이 개발한 연구결과로 설립된 남해요업, 천병두 박사팀이 연구개발로 설립된 분말야금회사에 이어 K-TAC이 투자해 설립한 세 번째 회사다. 포항제철에서 나오는 타르 처리를 통해 다양한 화학제품을 생산하는 제철화학도 합작으로 설립했다.

MIC의 새로운 제조공정

카르바메이트계 살충제의 대표작은 유니온카바이드의 '세빈(Sevine)'이다. BPMC, MIPC 등도 같은 계열 살충제인데 공통점은 방향족이나 지방족 알코올류에 MIC(methyl isocyanate)를 결합시킨 것이다.

카르바메이트계 살충제는 침투성 약제(systemic insecticide)다. 유기인제 살충제는 살포하면 작물 표면에 부착해 약효를 발휘하지만 카르바메이트계 약제는 식물 체내로 침투돼 확산하면서 약효를 발휘한다. 유기인제 살충제는 살포 후 비나 바람에 약제가 제거돼 효력이 줄어드는 데 반해 침투성 약제는 식물 체내에 흡수돼 약효를 발휘하는 게 장점이다.

세빈은 베타 나프톨에 MIC를 반응시켜 만든 화합물이며 알코올류 변화에 따라 MIPC, BPMC 등 다양한 제품이 생성된다. 공통 중간원료인 MIC 제조법이 핵심기술인데 기존 기술은 포스겐가스와 메틸아민을 대규모 연속공정(Continuous Process) 설비 속에서 반응시켜

HOP 첫 수출

제철화학 BPMC, MIPC 생산공장

제철화학 카르바메이트공장 준공식

생산하는 방법이다. 이 공정은 몇 가지 단점이 있다. 우선 출발물질로 사용하는 포스겐이 1차대전 때 화학무기로 사용한 맹독성 화합물이다. 두 번째는 연속공정장치가 거대해 우리나라처럼 시장이 협소해 소규모로 생산할 경우 투자 대비 효율이 떨어진다.

채영복과 김운섭 연구원은 시행착오 끝에 이런 단점을 보완할 방법을 모색한 끝에 MIC를 연속공정이 아닌 배치 프로세스로 간단한 범용 반응기 내에서 생산할 수 있는 공정을 개발해냈다. 범용반응 가마솥에서 무기물인 나트리움시안네이트에 디메틸설페이트를 활용해 메틸화하는 방법이다. 그런데 MIC 역시 전쟁에서 독가스로 사용되던 맹독성 물질이고 물에 접촉하면 폭발할 수 있어 다량 생산해 보관하기엔 위험이 따랐다.

채영복연구팀은 반응기에서 생성되는 MIC를 용기에 별도로 저장하지 않고 생성 즉시 증류돼 반응기로 옮겨가 알코올류에 흡수, 반응해 소진되도록 디자인했다. 애초부터 목적한 바는 아니었지만 결과적으로 MIC를 다량 저장할 필요가 없어 노출 위험을 차단할 수 있었다. 기존 연속공정이 MIC를 대량 축적할 수밖에 없는 기술인데 반해 KIST 프로세스는 MIC를 저장할 필요가 없어 접촉할 위험성이 제거된 장점이 있었다. 훗날 이 공정은 인도 보팔대참사 후 재조명됐다.

제철화학과 카르바메이트

카르바메이트 생산 프로세스는 제철화학에 기술이전 됐다. 제철화학에서 MIPC와 BPMC의 산업화가 국내 처음으로 이루어졌다.

제철화학은 KIST가 참여해 1970년대 초 천신일 사장(훗날 세중여행사 회장)이 설립한 회사다. 제철화학은 포항제철(포스코)에서 나오는 부산물 타르를 처리해 각종 유기화학 원료물질을 생산했다. 여기에 부가가치가 높은 살충제 MIPC와 BPMC 생산이 가세해 제철화학은 빠른 속도로 성장했다. 제철화학은 훗날 대우그룹에 매각됐다가 다시 OCI에 매각됐다. K-TAC을 통해 공동 투자했던 회사들의 지분을 매각하지 않고 유지했다면 KIST 운영에 큰 보탬이 됐을 것이다.

보팔대참사로 입증된 KIST MIC의 안전성

채영복연구팀의 MIC 제조공정이 주목받기 시작한 것은 유니온카바이트의 인도 보팔공장 폭발사고 이후다. 1984년 인도 보팔에 운영 중이던 유니온카바이트의 세빈 생산 공장에서 MIC 저장탱크가 폭발해 대량의 독가스가 유출됐다. 1980년대 초 유니온카바이트는 인도 측 49%, 유나온카바이트 51% 참여로 대규모 세빈 생산 공장을 보팔에 건설했다. 다량의 농업용 살충제가 필요해 세운 공장이다.

포스겐가스와 메틸아민을 반응시켜 MIC를 대규모 연속공정을 통해 합성해 탱크에 보관한 후 이를 베타나프톨에 반응시켜 세빈을 제조하는 방법을 택했는데 시설 노후화와 부주의로 MIC 저장탱크에 냉각수가 새어 들어가 폭발하고 만 것이다. 유독가스가 보팔시는 물론 인접지역까지 흘러들어가 5만 명이 사망하고 50만 명이 부상당하는 대참사로 이어졌다.

인도 정부는 유니온카바이드에 33억 달러의 보상금을 요구하며

KIST 유기합성연구실 야유회

책임을 물었지만 유니온카바이트는 5년간의 협상 끝에 4억7,000만 달러의 보상비를 지불하는 데 그쳤다. 시민단체 등에 의해 별도의 보상비 요구로 2004년까지 소송이 이어지다 유니온카바이드는 결국 문을 닫고 다우케미칼에 합병됐다.

우리 정부도 환경부, 노동부 등 관련 부처와 대학교수 등으로 조사위원회를 꾸려 채영복연구팀의 MIC 제조공정을 이용해 카르바메이트계 살충제를 합성하던 제철화학, 진흥정밀, 한정화학의 생산현장을 대상으로 안전성을 점검했다. 채영복팀의 프로세스는 MIC가 축적돼 보관되거나 노출될 위험이 전혀 없는 것으로 판정됐다. 그 후 채영복연구실 프로세스의 수월성이 세계적으로 알려지면서 외국회사들도 관심을 보였고 기술수출 상담도 이어졌다.

김운섭 사장의 회고

1970년 대학을 졸업한 나는 채영복 박사가 이끄는 KIST 유기합성연구실에 연구원으로 합류해 의약품과 농약 주성분 국산화연구에 참여했다. 1978년 선임연구원으로 승진해 한정화학 설립과 더불어 한정화학으로 자리를 옮기기까지 8년간 항결핵제 에탐부톨의 새로운 합성법 개발과 산업화, 벼멸구농약 다이아지논과 중간체 HOP 합성 연구, 카바메이트계 살충제 합성법 개발 연구 등에 참여했다.

한정화학은 KIST 유기합성연구실의 연구 결과를 산업화하기 위해 KIST와 한국농약이 공동 출자해 설립한 회사로 나는 설립 초기 이 회사의 기술총괄로 파견됐다가 그 후 경영진의 일원이 됐다. 당시 KIST는 벤처캐피탈 역할을 하는 'K-TAC'을 통해 한정화학에 지분참여 하고 있었다. 50년 전 KIST는 이미 벤처캐피탈을 운영하고 있었고 이를 통해 연구결과의 산업화를 촉진하고 있었다. 한 세대를 앞서간 셈이어서 지금 생각해도 놀라움을 금할 길이 없다.

당시 우리나라에는 의약품이나 농약 주성분을 선진국에서 수입해 제제화해서 판매하는 수준이었고 기업이 이들 수입 주성분을 합성하는 것은 엄두도 내지 못했다. KIST가 국내에서 유일한 합성기술을 공급할 수 있었다.

한독약품과 용역사업으로 에탐부톨 합성 연구를 할 때 겪은 어려움이 기억에 생생하다. 1년 넘게 공들여 새로운 합성법 연구가 완료돼 파일럿공장 설계를 시작할 즈음 필요한 출발물질인 1-니트로프로판을 다량 구매하려는데 이 물질을 공급할 수 없다고 했다. 에탐부톨을 원천 개발한 회사가 산지에서 이 물질의 독점구매계약을 체결해 경쟁사의 접근을 막은 것이다. 우리 연구결과의 산업화를 원천 봉쇄한 것이다. 1-니트로프로판은 여타 생산물의 부산물로 나오는 화합물로 전 세계에 생산자가 한 곳 뿐이었다. 하는 수 없이 원점으로 돌아가 다른 출발물질을 사용해 새로운 합성법을 개발해야 했다. 1년여 간의 피나는 노력 끝에 다행히 전혀 다른 출발물질에서 시작하는 새로운 합성법을 개발하는 데 성공했다.

두 번째 문제는 에탐부톨 합성의 중간원료인 2-아미노부탄올의 광학분활 작업에서 일어났다. 2-아미노부탄올은 두 번째 탄소에 비대칭 탄소 원자를 지니고 있어 두 개의 광학이성체가 혼합돼 있다. 합성하는 과정에서 50%는 편광을 오른쪽으로 굴절시키는 화합물, 나머지 50%는 왼쪽으로 굴절시키는 화합물 50%가 혼재해 나온다. 그중 우선성 화합물은 시력약화를 유발하는 성질을 가지고 있어 이를 분리 제거해야 하는데 두 성분이 화학적으로 같은 성질을 지니고 있어 분리 작업이 쉽지 않았다.

시험생산공장 건설을 앞두고 연구실 규모에서 잘 분리되던 광학이성체 분리작업이 재현되지 않는 문제가 발생했다. 채영복 실장과 일요일에도 연구실에 나와 실험을 계속했는데 분리작업에 문제가 있었던 게 아니라 이 물질이 수분을 잘 흡수해 농도가 낮아져 측정치에 오차가 발생했던 것이다.

파일럿공장 건설을 앞두고 이런 일이 일어나 노심초사한 기억이 아직도 생생하다. 원래 광학이성체 분할 작업은 쉽지 않다. 일본 교토대 노요리 교수는 광학이성체 중 한쪽 이성체를 선택적으로 합성하는 법을 연구해 노벨상을 받았을 정도다.

에탐부톨 공업화 단계에서도 잊지 못할 에피소드가 많다. 원래 공업화 연구는 공업화전문 엔지니어들이 담당해야 할 몫이다. 엔지니어들이 경험이 부족한데다 관련 산업 기반이 구축돼 있지 않아 많은 고생을 했다. 그래서 내가 현장에 나가 주도적으로 참여해야 했다. 한번은 새로 들여온 유리로 코팅이 된 2,000리터 반응조에서 반응을 마치고 난 후 여분의 산을 중화시키기 위해 가성소다를 투입했는데 이튿날 와서 보니 코팅된 유리막이 군데군데 떨어져 나가 있었다.

반응기를 새것으로 대체하기 위해 많은 시간을 허비해야 했다. 당시엔 반응조 제작, 특히 유리로 라이닝된 반응조 같은 생산기술이 취약해 어려움이 많았다. 이런 과정을 거쳐 에탐부톨 생산 공장이 한독약품공장에 성공적으로 건설됐고 우리나라 의약품 주성분 생산에 기폭제가 됐다.

한정화학 초기에도 비슷한 고생을 했다. KIST 유기합성연구실 연구결과인 다이아지논의 중간체인 HOP를 양산하는 과정에서도 어려움이 있었다. 반응조 설계가 제대로 이루어지지 않아 반응조 안에서 발생하는 반응열을 냉각 재킷에서 해소해주지 못해 반응조 내부 온도가 상승하고 생성된 화합물이 파괴되는 현상이 발생했다. 공업화연구실에서 유리로 코팅된 반응조의 열전달 계수 계산 착오로 잘못 설계한 탓이었다. 정밀화학 엔지니어링 데이터가 축적되지 않아 발생한 착오였다.

완공 시일이 급박해 새 장치를 만들어 올 여유가 없어 잘못 제조된 시설에 맞추어 공정을 재구성하는 실험을 해보았지만 한번 투입한 반응물질이 실패하면 수천만 원대 손실을 가져오는 관계로 시행착오를 최소화하기 위해 밤낮으로 직원들과 현장에서 고생했다. 이런 과정을 거쳐 한정화학은 HOP를 생산해 국내 수요 충족은 물론 일본과 중국에 수출하게 됐고 다이아지논과 HOP 생산 공장을 인도네시아에 수출하기도 했다.

몇 년 지나지 않아 인천 공장이 비좁아져 반월공단에 공장을 크게 지어 이전했다. 이렇게 해서 한정화학이 연간 수입대체와 수출 금액이 1970년대 연간 8,000만 달러에 이르렀다.

카바메이트계 살충제 합성 얘기도 빼놓을 수 없다. 카바메이트계 살충제의 원조는 유니온카바이트의 세빈으로 메틸이소시아네이트(MIC)를 베타나프톨에 반응시켜 제조하는데 베타나프톨 대신 다른 방향족 알코올을 반응시키면 MIPC, BPMC 등 다양한 카바메이트계 살충제가 생산된다. 여기서 핵심기술은 MIC 생산 방법에 있다. 유니온카바이트 생산 방식은 독가스인 포스겐에 메틸아민을 연속 공정으로 반응시켜 생산하는 방식이다. 이렇게 해서 생산된 MIC는 탱크에 저장했다가 베타나푸톨과 반응시킨다.

여기서 생산되는 MIC는 2차대전 때 화생방무기로 사용된 화합물로 수분과 접촉하면 폭발로 이어진다. 독가스로 사용되던 포스겐을 출발물질로 사용해야 하고 연속공정으로 장치산업에 속해 많은 투자가 이루어져야 한다. 우리나라처럼 작은 시장에선 이런 장치산업은 많은 투자가 필요해 경제성이 떨어지고 포스겐을 수입하는 일도 어렵다.

채영복 박사와 나는 안전한 출발물질을 사용해 연속공정이 아닌 간단한 범용 반응 가마솥에서 생산할 방법을 찾아냈다. 무기물질인 소듐시아네이트에 디메틸설페이트를 이용해 메틸화하는 것이었다. 두 화합물 모두 안전하고 쉽게 구할 수 있는 물질들로 일반적인 반응조에서 쉽게 생산할 수 있었다. 한쪽 가마솥에서 두 화합물을 반응시켜 생성되는 MIC는 증류돼 냉각탑을 거쳐 다음 가마솥으로 넘어간다.

뒷줄 가운데가 조병태 연구원, 앞줄 오른쪽 김운섭 한정화학 기술담당 이사

이 가마솥에는 방향족 알코올이 대기하고 있다가 MIC가 넘어오는 대로 즉시 반응을 일으켜 카바메이트가 생성돼 MIC를 별도 저장할 필요가 없다. 이런 이유로 우리 프로세스는 훗날 유니온카바이트의 세빈공장 폭발 후 세계적으로 주목받았다.

유니온카바이트는 인도와 52 대 48 비율로 합작해 인도 보팔 시에 대규모 세빈공장을 건설했는데 포스겐가스와 메틸아민을 사용해 MIC를 생산해 탱크에 보관하는 방식을 썼는데 1984년 MIC탱크에 냉각수가 새어 들어가 폭발했다. 유독가스가 보팔 인접지역까지 흘러들어가 5만 명이 사망하고 50만 명이 부상당하는 대참사로 이어졌다.

공장 노후화와 관리 부주의가 부른 인재였다. 인도 정부는 30억 달러의 보상금을 유니온카바이트에 청구했고 유니온카바이트는 4억5,000만 달러를 지불하고 화해를 시도했으나 계속되는 손해배상 청구에 결국 문을 닫고 다우케미칼로 흡수 합병되고 말았다.

우리 정부도 이 사건 발생 후 KIST 유기합성연구실의 기술로 카바메이트계 살충제를 생산하던 한정화학, 제철화학, 진흥정밀 등을 대상으로 위해성 여부를 심사했는데 안정성에 아무 문제가 없는 것으로 판정됐다. 이후 이 프로세스는 세계적인 이목을 끌게 됐고 해외 플랜트 수출 상담으로 이어졌다.

1970년대 의약품과 농약 주성분 국산화는 많은 어려움을 겪어야 했다. 합성 방법이 특허로 폭넓게 보호돼 있어 이를 피해 새 방법을 찾아내는 게 쉽지 않았다. 특허 청구자들이 자기들이 한 연구결과에 쉽게 상상할 방법들을 대부분 특허청구 범위에 포함시켰기 때문이다. 기업의 수용력이 부족해 기술 이전도 쉽지 않았고, 관련 산업이 미흡해 스케일업 하는 과정에서도 어려움을 겪어야 했다.

충격받은 바이엘

산업계로부터의 유기합성연구실의 신뢰가 쌓이고 국내 제약사들과 농약회사들로부터 연구 수탁이 줄을 잇자 채영복의 유기합성연구실도 빠른 속도로 성장했다. 더 많은 과학자가 합류하고 연구팀이 '연구실'로 분화하면서 채영복의 유기합성연구실은 '연구부' 규모로 성장했다. 훗날 유기합성연구실 멤버 대부분이 대덕 한국화학연구소로 자리를 옮기면서 연구소 규모로 커졌다.

채영복연구실은 최적의 반응조건을 찾을 때까지, 경제성과 경쟁력이 확보될 때까지 수십 수백 번 실험을 되풀이하며 최적화를 시도했다. 이렇게 얻어낸 연구결과는 다국적기업들의 프로세스와 견주어도 전혀 손색이 없을 정도였다.

한국농약은 유기합성연구실에서 개발한 바이엘 제품 DDVP의 국산화기술을 산업화하기 위해 기술제휴한 바이엘의 동의를 얻어야 했다. 한농은 하나라도 더 국산화하려 했고 바이엘은 자사 제품의 한국 내 생산을 되도록 막고 싶어 유기합성연구실의 성과물을 폄하했다.

"아무리 KIST가 개발한 프로세스가 좋다 한들 우리가 십수 년간 개량하고 발전시켜 온 프로세스를 따라올 수는 없을 테니 경제성 측면에서 채영복연구실의 연구결과를 산업화하는 것을 유보하길 바라오."

논쟁 끝에 프로세스를 비교해 보기로 했다. 비교 결과 놀랍게도 두 프로세스가 반응시간, 반응온도 등 모든 조건에서 거의 일치했다. 바이엘은 놀라움을 금치 못했다. 이러한 피나는 노력의 결과로 KIST 유기합성연구실은 국내외 기업들로부터 인정받기 시작했다. 미국 몬산토와 듀폰, 독일 훽스트 같은 큰 회사 제품들이 출시되면 얼마 안 가 곧바로 국내에서 생산돼 국내 시판은 물론 동남아까지 수출됐다.

이렇게 되자 다국적기업들은 자사 제품이 되도록 국산화되지 않게 하기 위해 채영복을 본사로 초대하는 일이 빈번해졌다. 몬산토와 훽스트가 주기적으로 채영복을, 때로는 부소장 양재현 박사와 함께 초청했는데 그 인연으로 훗날 신물질 창출 공동연구가 이루어졌다.

유기합성연구실이 문전성시를 이루게 된 것은 연구팀원들의 피나는 노력과 함께 정부의 국산기술 보호정책도 큰 역할을 했다. 외자도입심의회가 국산화한 기술은 보호하기 위해 기술 도입을 금지했고 관련 부처에서는 수입금지 조치를 취해 주었다.

이러한 조치는 한 회사가 장기에 걸쳐 개척한 시장을 기술을 먼저 개발한 회사에 송두리째 빼앗길 만큼 강력했다. 국내에서 이런 기술을 개발할 수 있는 곳은 KIST뿐이어서 KIST에서 기술개발을 하면 시장을 독점할 길이 열려 채영복연구실과 용역계약을 하는 것은 특허를 획득하는 이상의 효력이 있었다.

채영복연구실에 용역계약을 추진한 회사 중에는 산업화 목적 외에 자사가 개척한 시장을 보호할 목적으로 접근한 회사도 적지 않았다. 이런 폐단을 막기 위해 KIST는 연구협약서에 "연구결과를 전수해 간 후 3년 안에 산업화하지 않으면 기술을 회수할 수 있다"는 조항을 명시하기까지 했다.

경 제21회 3·1문화상 시상식 축
법재 인단
재법 단인

정밀화학 개척자들

큰 그림으로 시작한 **ACT**가 정권교체기 몇몇 국회의원의 문제제기로 '**5**공비리'로 몰려 문을 닫고 만 것과 달리 중국은 우리보다 훨씬 늦게 정밀화학 분야에 진출했는데도 중국 내 생산과 미국시장을 연계하는 데 성공했다. 그래도 국정감사에서 "이런 시도는 국가 발전을 위해 바람직한 사례가 아니냐"는 박태준(포항제철 회장) 의원의 응원발언이 채영복에게 큰 위로가 됐다.

'정밀화학'의 탄생

채영복은 여세를 몰아 정밀화학산업 육성 방안을 마련하기로 했다. 이 분야 산업은 고부가가치, 고수익성의 장점이 있지만 다품목 소량생산이어서 단일 품목으로 육성정책을 마련하기 힘들었다. 참여하는 기업들도 대기업보다는 중소업체가 대다수였다. 숙고 끝에 유사성을 지닌 업종을 한데 묶어 하나의 산업군으로 육성하는 방안을 만들기로 했다. 의약품, 염료, 농약, 계면활성제, 사진감광제 등은 유기합성을 기반으로 하는 공통점이 있었다. 이렇게 한데 묶은 산업군을 '정밀화학산업'이라 부르기로 했다.

명칭을 두고 KIST 소장인 한상준 박사는 "'희진화학'(희귀하고 진기한)이 어떻겠느냐?" 했지만 채영복은 '정밀한 화학'이란 뜻의 '정밀화학'을 고집했다. 산업계에서도 '정밀화학' 개념이 널리 받아들여져 연초 기업 대표들의 신년사에 등장하는 레퍼토리가 됐다. 아예 회사 이름에 '정밀화학'을 붙이기도 했는데 '삼성정밀화학', '롯데정밀화학'이 대표적인 예다.

6대 국책연구분야 입성

정밀화학은 화학공업이 발달한 독일이나 스위스 같은 유럽 국가에서도 찾아볼 수 없는 우리 특유의 분류방식이다. 외국에서는 부가가치가 높은 화학물질 하나하나를 'fine chemical' 또는 'specialty chemical'이라 부르는데 우리의 정밀화학과 다르다. 우리의 정밀화학 분류 방식은 우리 나름의 산업 육성 차원의 전략적 의미가 가미됐다.

채영복은 1981년 3월 〈정말화학육성방안〉 초안을 마련했다. 이영길 박사가 고생했다. 김완주 박사 등이 참여한 과학기술처 실무계획반에 의해 초안이 다듬어지고 1982년 전두환 대통령 참석 하에 개최된 1차 기술진흥확대회의에서 정밀화학공업을 필두로 반도체·컴퓨터, 기계공업 고도화, 에너지·자원, 시스템산업, 기타핵심산업의 6대 국책연구분야 육성 계획이 확정됐다.

과학기술처의 국책연구분야로 확정되는 자리에서 채영복이 브리핑했다. 5년간 정밀화학 1,228억(정부 718억 원, 민간 510억 원), 반도체·컴퓨터 1,007억 원(정부 580억 원, 민간 427억 원) 등으로 투자가 확정됐다. 연구비는 '거점기술개발(leap frog)' 전략에 따라 책정됐는데 115개 연구과제가 포함돼 있었다. 6대 국책연구분야 육성 계획은 국책연구의 시발점이 됐고, 정밀화학 부문은 3차 경제개발5개년계획에 처음으로 등장했다.

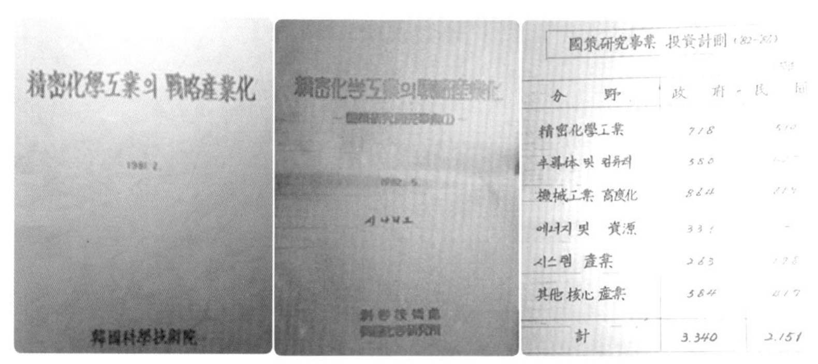

國策研究事業 投資計劃 (82-86)

分野	政府	民間
精密化學工業	718	510
半導体 및 컴퓨터	580	[illegible]
機械工業 高度化	864	[illegible]
에너지 및 資源	331	-
시스템 産業	263	[illegible]
其他 核心 産業	584	417
計	3.340	2.151

제1차 기술진흥확대회의 발표자료 표지와 국책연구사업 투자 계획

정밀화학공업진흥회

채영복은 정밀화학을 육성하려면 민간부문의 적극적인 참여가 중요하다고 보고 관련 기업들이 참여하는 '정밀화학공업진흥회'를 설립하기로 했다. 염료, 계면활성제, 의약, 농약 분야 중소기업은 물론 화학 분야 대기업들이 적극 참여했으며 초대 회장은 민간부문에서 맡고 채영복이 부회장을 맡았다. 이를 통해 정밀화학산업 진흥 정책 개발과 다양한 발전 계획 수립이 이루어졌고 도출된 정책 초안을 정부에 건의했다.

정밀화학공업진흥회 설립엔 김완주 박사와 KIST 연구개발실장과 화학연구소 고문 이성범 박사가 실무를 맡아 고생했다. 창립기념식과 신년하례식에 정주영 회장, 강신호 동아제약 회장, 이수영 동양화학 회장, 이상희 의원 등 유력 인사들이 함께했다. 진흥회는 그 후 '정밀화학산업진흥회'로 이름을 바꾸고 산자부 산하 법인으로 오늘에 이르고 있다.

채영복은 신물질 창출에 관심이 많은 기업을 결집해 '신약연구조합'과 '신농약연구조합'도 설립했다. 신약연구조합은 지금도 신약개발에 참여하는 기업들이 주축이 돼 활발하게 움직이고 있다.

精密化 學業界 新年人事
1989. 1.10
韓國精密化學工業振興
精密化 學業界 新年
1989
韓國精密化學

정주영 회장과 악수

오른쪽부터 채영복, 이수영 OCI그룹 회장, 이상희 과학기술처 장관

KIST에서 화학연구소로

의약품과 농약 주성분 국산화를 위한 새로운 프로세스 개발 연구들이 KIST를 중심으로 이루어졌다면 다음 단계인 신약과 신농약 창출 연구는 화학연구소를 중심으로 추진됐다. 1981년 KIST와 한국과학원(KAIS)이 카이스트(KAIST)로 통폐합되면서 유기합성연구실도 카이스트 소속이 됐다. 그 해 채영복은 이정오 과학기술처 장관으로부터 유기합성연구실을 화학연구소로 옮기고 소장을 맡아 달라는 권유를 받았다.

채영복은 이런저런 핑계로 응하지 않았다. 한창 추진 중인 연구사업들을 대전으로 옮기는 게 쉽지 않기도 했지만 대덕연구단지는 초창기여서 연구를 제대로 추진할 여건이 돼 있지 않았기 때문이다.

몇 개월이 지나 다시 권유를 받은 채영복은 대덕행을 결심했다. 두 기관의 통합 과정에서 빚어진 갈등도 있었고 신물질 연구를 추진하기 위해서는 새로운 연구동을 포함해 많은 연구시설과 예산이 필요했는데 카이스트는 교육과 다학제 연구 분야를 아우르고 있어 분야간 형평성 문제 등을 고려할 때 대형 프로그램을 수용하기 힘들 것 같았다.

연구실 이전에 대한 동료들의 의견도 수렴된 상태였다. 그래서 두 번째 권유가 왔을 때 못 이기는 척하면서 대덕으로 옮기는 데 동의한 것이다. 일신상의 이유로 대덕행을 포기하고 카이스트에 남거나 대학으로 자리를 옮기는 극소수 인원을 제외하고 모두 이전에 동의해 주었다.

응용생물연구실 노정구 박사팀이 함께해 큰 힘이 됐다. 1981년 이

전 준비를 하는 채영복을 찾아온 노 박사는 "정밀화학 신물질을 개발하기 위해서는 안전성 평가시스템이 절대적으로 필요하다"며 "우리도 화학연구소로 이전하고 싶다"고 했다.

노 박사는 수년간 KIST 중점 연구과제로 화학물질 안전성평가 시스템 구축을 위해 연구와 조사를 해왔는데 화학연구소로 가면 동물실험시설 부지를 확보할 수 있겠다고 판단했다. 국내에는 독성시험 시설과 기술이 전혀 없었고 이 부문이 신물질 창출에 매우 중요한 요소기술이어서 노 박사의 합류로 채영복은 천군만마를 얻은 것 같았다.

8학군이 된 대덕연구단지

채영복이 1982년 한국화학연구소장에 취임할 당시 연구소는 제 모습을 갖추지 못한 상태였다. 오원철의 아이디어로 기업들이 공동출자해 설립한 한국화학연구소 20만 평 부지에는 LG, 한화, 쌍용 같은 석유화학회사들도 위성연구소로 들어와 있었는데, 화학연구소가 위성연구소들을 지원하고 있었다.

화학연구소는 어려운 여건 속에서 다양한 연구과제를 추진하고 있었는데 정진철 박사팀의 고분자화학 분야, 백행남 박사팀의 촉매화학 분야 폴리부텐 합성(훗날 여천석유화공단 내 공장을 건설함), 이규완 박사팀의 이산화탄소 환원을 통한 메탄올 생산공정 개발(훗날 탄소중립을 뒷받침하는 중요한 연구가 됨), 박노학 박사팀의 큐빅지르코니아 단결정 육성 기술, 오세화 박사팀의 염색가공 기술, 김종호 박사팀의 윤활유 합성 등 다양한 연구가 진행되거나 잉태되고 있었다. 모두 큰 틀에서 정밀화학 분야였다. 여기에 카이스트에서 내려간 연구팀들의 신물질 창출 연구가 가세해 화학연구소의 정밀화학 연구 사업은 활기를 띠기 시작했다.

화학연구소에는 해외에서 유치한 20여 명의 박사급 연구원이 있었는데 여건이 더 나은 대학으로 직장을 옮기는 경우가 많았다. 초창기여서 연구용역이 잘 이루어지지 않아 예산이 부족했다.

이직을 막기 위해 연구 환경과 주거환경 안정이 필요했다. 버스도 정해진 시간대로 다니지 않았고 도로는 비포장이어서 바람이 불면 흙먼지가 연구동 안까지 날아들었고, 비가 오면 장화를 신어야 할 정도의 진흙밭이 됐다. 생활 여건도 열악해 연구원들이 벽지수당을 지급받는 상황이었다. 연구원 자녀들의 교육환경도 갖추지 못한 상태였다. 5공 초기엔 대덕연구단지가 골칫거리로 대두돼 단지를 폐쇄하자는 문제 제기도 있었다.

오른쪽부터 백행남 박사(화학연구소 선임연구부장), 안영옥 박사, 이태현 화연 고문(2대 소장), 김창규 화연 이사장, 채영복 소장.

주거환경 문제 해결과 자녀들의 교육 여건 마련이 시급했다. 단지를 활성화하기 위해 과학기술처 장관이 한 달에 한두 번 실·국장을 대동해 내려와 대책회의를 했다. 단지 관리사무소가 설치되고 국장급 관리가 현안을 다루었다. 채영복이 화학연구소장으로 취임할 무렵 단지 내 정부출연연구소장 모임이 생겨나 기관장협의회로 발전한 상태였다. 초대 회장으로 채영복이 선출됐다. 한국화학연구소 내 협의회 사무국을 두고 이종옥 화학연구소 행정실장이 실무를 맡아 다른 연구소 행정실장들과 연대하고 관리소와 협의해 현안을 해결해 나갔다.

자녀들의 교육문제부터 해결해야 과학자들을 유치할 수 있었다. 단지 내 초·중·고등학교가 있었지만 매우 열악했다. 고등학교에는 불량학생이 많다는 소문도 돌았다. 일대 변화를 주기 위해 초대 한국화학연구소장과 과기처 장관을 지낸 성좌경 박사를 교장으로 모셔오자는 의견도 나왔다. 원자력연구소에서 인연이 있는 채영복이 성 장관을 찾아가 여생을 대덕연구단지를 위해 헌신해 달라고 간청했다. 성 장관은 매우 긍정적인 반응을 보였지만 불행히도 암투병 중이어서 뜻을 이루지 못했다.

차선책으로 대전교육청을 찾아갔는데 대덕연구단지 활성화 문제가 국가적 명제임을 교육청도 충분히 인지하고 있었다. 채영복은 대덕중고등학교에 우수한 교장과 교사를 파견해 달라고 요청했다. 오지여서 교통문제가 불편해 교사들이 파견을 기피해 단지협의회가 승합차를 마련해 교사들을 출퇴근시켜 주기로 하고 단지에 근무하는 교사들의 인사고과에 가산점을 주도록 교육청에 건의했다. 향후 타 지역 전근 때 여건이 좋은 곳으로 보내주는 방향으로 교육청의 협조가 이루어졌다. 우수한 교장이 배정됐고 교장이 유능한 교사들을 영입하기 시작했다.

수학, 영어 등 주요 과목의 우수 교사들을 섭외해 방과후 보충수업도 실시했다. 경비는 단지에 입주한 기관들이 공동으로 부담했다. 유치과학자 부인들도 보충교육에 참여해 주었다. 그렇게 4~5년 노력한 결과 연구원 자녀들의 대학진학률이 놀랍도록 좋아졌다. 이른바 '스카이대' 진학률이 서울 '강남 8학군' 못지않았다. 입소문을 타기 시작하자 연구단지 밖 주민들도 자녀의 진학문제를 해결하기 위해 단지 안으로 주거지를 옮기려는 사태가 벌어져 단지 내 전셋값이 치솟는 기현상이 나타나기도 했다.

주거문제도 해결해 나갔다. 과학기술처와 관리사무소가 문제 해결에 나섰지만 수요자 측을 대표한 단지 기관장협의회도 큰 역할을 했다. 박사급 연구원들의 주택문제를 해결하기 위해 단지 내 택지 분양에 참여했고 연구단지 입구 신흥동에 일반 연구원들을 위한 아파트단지 조성을 주도했다. 도시설계 전문회사에 발주해 1,400세대에 달하는 아파트단지 신축 조감도를 마련하고 연구원들이 주택조합을 설립해 공사를 주도했다. 이어 어은동에 4,500세대 아파트단지가 형성됐다. 이런 과정을 거쳐 지금의 대덕연구단지 모습이 갖춰졌다.

연구원 가족의 복지시설도 마련해 나갔다. 이수영 동양화학 사장이 부친의 무궁화장 수상을 기념해 화학연구소 내에 수영장을 만들어주겠다고 제안했다. 채영복은 "입주 연구원 가족들이 모두 이용할 수 있도록 화학연구소 밖 연구단지 중심에 지어 달라"고 주문했다. 그러다 보니 처음에는 옥외 수영장 형태로 시작한 공사가 제대로 규격을 갖춘 옥내 수영장 건설로 규모가 대폭 확대됐다. 필요한 토지는 과학기술처가 제공해 주었다. 이 수영장은 현재 단지 입주 가족뿐 아니라 대전시민에게도 개방돼 있다.

골프장도 만들었다. 연구원들이 휴식을 취하고 체력 증진을 도모하도록 골프장이 있었으면 하는 의견이 있었다. 노태우 대통령이 선거에 출마하기 전 총무처 장관이 대덕연구단지를 방문했는데 오찬자리에서 "도와줄 일이 있느냐?"는 얘기가 나왔고 채영복이 골프장 건설을 요청했다.

넓은 토지가 필요했는데 마침 한 연구소가 이전을 포기해 약 9만 평의 토지가 방치 중이었다. 이 땅을 골프장 9홀을 건설토록 행정조치가 이루어졌다. 민간과 합작해 18홀 규모로 만들자는 의견도 있었는데 민간업자가 관여하면 아무래도 운영상 서민 연구원들이 소외될 수 있다는 우려로 받아들여지지 않았다. 대신 일부 토지를 추가 매입해 넉넉하게 9홀 골프장을 건설해 연구원들은 2만 원으로 한 라운드를 즐길 수 있게 됐다. 협의회장 채영복이 초석을 놓고 과학재단 이사장이던 최순달 박사가 건설을 마감한 골프장은 지금도 연구원들이 복잡한 머리를 식히고 활력을 되찾는 역할을 하고 있다.

화학연구소의 ACT

채영복은 국내 정밀화학제품의 협소한 시장을 극복하려면 광활한 해외시장과 국내 R&D 능력과 생산을 연계해야 한다고 판단했다. 해외시장 조사부터 착수해야 했다. 한국화학연구소가 앞장서기로 했다.

미국 내 기술 동향 정보 수집과 시장 개척을 위해 미국에 화학연구소의 자회사를 설립하기로 했다. 1984년 LA에 설립한 회사가 '에이블케미칼테크놀러지(Able Chemical Technology, ACT)'다.

ACT 사장에 미국 회사에서 활약하던 촉매 분야 전문가 임천수 박사를 선임했다. 임 박사는 KIST의 촉매 연구를 컨설팅하기 위해 가끔 내한했었는데 정밀화학제품 수출 방안에 대해 의견을 나눌 기회가 있었다. 사명이 미국 기업 리스트 앞부분에 등재돼 쉽게 눈에 띄도록 첫 글자를 A로 작명한 것도 임 사장의 아이디어였다. 과기처 화학·화공 분야 조정관이던 김세권 박사도 사표를 내고 ACT에 합류했다.

ACT는 미국의 기술 동향을 분석하고 시장정보를 수집해 화학연구소에 제공하고, 화학연구소는 이를 바탕으로 연구과제를 선정해 기술을 개발했다. 그 기술을 기업에 전수해 생산되는 제품을 ACT를 통해 수출하자는 전략이었다. ACT의 역할이 미국 내 정밀화학 기술 동향 수집과 관련돼 있어 혹시 있을 수 있는 양국 정부 간 민감한 사태에 대비해야 했다. 화학연구소가 회사를 설립하지 않고 지주회사 '한국화학진흥주식회사'(KCAC, Korea Chemical Advancement Cooperation)를 설립해 KCAC가 ACT에 투자하는 방식을 취했다.

KCAC는 화학연구소와 기업의 공동투자로 설립하는 형식을 택했다. 화학연구소 감사 심현덕이 KCAC 대표를 맡았다. ACT는 뉴욕에 지사를 둘 정도로 확장됐다. 뉴욕지사는 스타우퍼케미칼에 근무하는 심경섭 박사를 영입해 운영하게 했다.

ACT는 여러 업적을 이루었다. 미국시장 정보나 기술개발 정보 수집 외에도 화학연구소의 신농약 연구에도 크게 기여했다. 신물질 창출 노하우들을 습득하기 위해 미국의 다국적 화학회사 중 공동연구를 진행할 파트너를 찾는 게 쉽지 않았는데 ACT가 실마리를 푸는 데 큰 역할을 했다.

ACT는 보스턴에 설립된 실리콘 단결정을 연속공정으로 생산하는 기술을 개발하던 벤처회사 EMC에 공동투자를 했다. EMC의 '신

(新)쵸크랄스키 단결정 육성법' 연구는 MIT 교수 등 쟁쟁한 연구진이 참여하고 있었다. 지멘스 방법보다 웨이퍼 생산수율이 획기적으로 높았다.

우리나라에선 반도체산업이 정착 단계를 거쳐 비약의 시동을 걸고 있을 때였고 그 기반이 되는 실리콘웨이퍼 수요도 급증하고 있었다. 국내에 이를 산업화하려는 기업이 속출했는데 ACT가 투자한 연구는 그보다 한 단계 앞선 것이었다. 채영복은 ACT가 미국에서 자리를 잡으면 유럽으로 확장할 계획도 세웠다.

오른쪽에서 첫 번째 채영복, 두 번째 서 있는 사람 임천수 ACT 사장, 네 번째 김세권 박사.

정치에 발목 잡힌 과학

불행하게도 이 연구는 수행 도중 이른바 '5공비리'에 연루돼 중단되고 말았다. 중단하는 중에도 미국 실리콘단결정육성기기 제작사 페로플루이드는 계속 이 연구에 공동참여를 제안했다. 중역이 내한해 이 사업의 중요성을 주장하며 자사의 연구 장비와 인력을 투입해 참여하겠다는 의향서를 제출했지만 이 연구는 해를 거듭하는 국정감사로 지속할 수 없게 됐다.

사업은 중단됐지만 연구과정에서 얻어낸 '고순도 다결정 미세입자' 활용 가능성에 대한 아이디어는 큰 수확으로 이어졌다. 이 신소재는 실리콘 단결정 잉고트를 배치 프로세스에서 진일보된 반연속공정으로 생산할 수 있게 했다. 훗날 화학연구소에서 윤풍 박사와 김희영 박사가 연구개발에 착수해 세계 최초로 양산에 성공했다.

이 기술은 스폰서인 동부그룹에 이전됐는데 안타깝게도 국내에서 산업화되지 못하고 독일 바커케미칼(Waker Chemical)에 기술수출 됐다. 바커케미칼은 실리콘 단결정 생산에서 세계 으뜸 회사다.

20여 년이 지나 채영복은 동부그룹 사외이사로 기술협력 협의차 바커케미칼을 방문했는데 이 기술이 현재까지 가동돼 실리콘 단결정 잉고트의 반연속공정 생산이 이루어지는 것을 보고 이 기술이 국내에서 소화됐다면 우리나라 반도체산업에 큰 보탬이 됐을 거라며 아쉬워했다.

ACT가 해체된 직후 뉴욕지사의 심경섭 박사에게 국내 D 사로부터 MDI 제조기술을 구해 달라는 의뢰가 들어왔다. 심 박사는 이런 기술을 찾는다는 광고를 지역 매체에 냈는데 얼마 후 기술 공여 희망자가 나타나 기술이전 협의가 이루어졌다. 뉴욕 어느 호텔방에서 기술료를 건네는 현장에 미국 정보요원이 급습하는 사태가 벌어졌다. 기술을 유출하려 했다는 혐의를 받은 것이다. 채영복은 계산된 덫에 걸려든 게 아니었나 하는 의구심이 들었다.

이 일로 D사 임원은 2년간 미국 친척 집에 연금됐고 심경섭 박사는 법적 처벌을 받는 불운을 겪었다. ACT를 해산한 직후였고 채영복이 설립 때 이런 일에 대비해 연계고리를 차단해둔 덕분에 화학연구소는 사건에 연루되지 않은 게 그나마 다행이었다.

큰 그림으로 시작한 ACT가 정권교체기 몇몇 국회의원의 문제제기로 '5공비리'로 몰려 문을 닫고 만 것과 달리 중국은 우리보다 훨씬 늦게 정밀화학 분야에 진출했는데도 미국시장을 개척하는 데 성공했다. 중국은 세계 의약품시장에서 2021년 현재 매출 1,470억 달러로 미국(5,430억 달러)에 버금갈 정도로 성장했다. 미국 내 병원에서 사용하는 제네릭 의약품의 40%가 중국산일 정도다.

중국이 특허가 만료된 복제의약품을 공급하지 않으면 미국 지방 병원들이 문을 닫아야 할 지경으로 미국시장에서 큰 비중을 차지한다. 미·중 무역마찰 초기 중국이 의약품 대미수출 금지를 협상카드로 만지작거린다는 얘기도 있었다. 우리도 ACT가 '5공비리' 의혹으로 폐쇄되는 불운을 겪지 않았다면 정밀화학산업이 해외시장에 진출하는 큰 발판이 됐을 것이다.

채영복은 3년간 이 문제로 국정감사 때마다 곤욕을 치러야 했다. ACT가 '5공비리' 누명을 쓰게 된 것은 사장을 맡고 있던 임천수 박사가 화려한 사무실을 쓰고 있었고 그의 처가 전두환 대통령 자녀의 교육에 관여했다는 소문 때문이었다. 미국에 송금된 돈 일부가

정치적으로 이용된 것 아니냐는 의심도 받았다.

채영복은 EMC에 투자금 수령 확인서를 확보하는 등 우여곡절 끝에 무사했지만 EMC는 그 사이 부도를 맞고 말았다. 그래도 국정감사에서 "이런 시도는 국가 발전을 위해 바람직한 사례가 아니냐?"는 박태준(포항제철 회장) 의원의 응원발언이 채영복에게 큰 위로가 됐다.

채영복과 함께 고초를 겪은 과학자가 한필순 박사다. 1,400메가와트 원자로 기술 도입 때문이었다. "상용화가 검증된 웨스팅하우스의 1,000메가와트 원자로를 놔두고 왜 건설 경험도 없는 컴버션엔지니어링의 1,400메가와트 설계기술을 도입했느냐?"는 질의가 3년에 걸쳐 국감 때마다 제기됐다. 이 기술은 오늘날 'APR1400'의 모체가 돼 아랍에미리트에 수출을 하는 등 우리 원자력기술의 고유모델이 됐다. 채영복은 두 건 모두 '과학기술이 정치인들의 당론이나 이념에 휘말려서는 안 된다'는 교훈을 남긴 사례라고 생각한다.

김성진 과기처 장관 초도 순시. 왼쪽부터 채영복, 김성진 장관, 권원기 과기처 차관.

왼쪽부터 채영복, 임천수 ACT 사장과 부인.

KIST 유기합성연구실 야유회. 뒷줄 오른쪽 김운섭 연구원, 채영복, 강태성 책임연구원, 앞줄 오른쪽 김복순, 비서타자수.

물질특허시대 개막 신물질 연구개발 인프라를 구축하라

정부는 다른 산업 수출에 악영향을 미칠까 노심초사하는데 채영복은 정부 의중을 무시하고 물질특허제도 도입 반대 운동을 격렬하게 펼쳐 나갔다. 경제기획원 공무원들 모두 혀를 내둘렀다. 채영복은 "요즘 같은 때 반대운동을 그 정도로 격하게 펼쳤다면 목이 몇 개라도 남아 있지 못했을 것이다. 당시 관료들의 관용에 경의를 표한다"고 했다.

다국적기업들 뿔났다 "물질특허제도 도입하라"

KIST를 중심으로 1970년대 초반부터 시작된 제조공정 혁신 연구가 1980년대 초 채영복연구실이 화학연구소로 옮겨가면서 화학연구소로 이어졌다. 10년 넘게 지속한 합성공정 기술혁신으로 선진 다국적기업들의 제품이 하나둘 국산화되기 시작했고 국내시장은 물론 아직 물질특허를 적용하지 않는 동남아 여러 나라와 동유럽 국가들에 수출이 시작됐다.

유럽과 미국 회사들은 불만을 표출하기 시작했다. 우리 정부에 "한국 정부가 정부 출연 연구소를 활용해 우리 기업의 이익을 침해하고 있다"고 목소리를 높였다. 처음에는 미국 화학공업협회 같은 민간기관들이 문서를 보내오다 나중엔 외교문제로 비화됐다. 특허분쟁소송도 속출했다.

그러나 소송에서 그들이 이길 길이 없었다. 우리나라는 프로세스특허제도를 채택하고 있었고 프로세스특허법을 준수하는 범주에서 기술을 혁신하는 것은 합법이었다. 선진국이 이를 막을 길은 우리나라가 프로세스특허제도를 물질특허제도로 전환토록 하는 길밖에 없었다. 물질특허제도와 기타 지적소유권제도 개선 압력은 이런 배경에서 시작됐다. 10여 년간 연구실에서 이루어진 작은 업적들이 모여 일종의 나비효과를 이루어낸 것이다.

1980년 초 일기 시작한 물질특허제도 도입 논쟁은 1983년에 이르러 본격화됐다. 급기야 미국 정부는 "물질특허제도를 도입하지 않으면 다른 부문 수출에 불이익을 주겠다"고 압박했다.

물질특허는 화학적, 생물학적 방법에 의해 제조되는 새로운 물질 자체에 주어지는 특허다. 제법을 아무리 개량해 기술을 혁신해도 물질특허권 범주에서 벗어날 수 없고 물질특허 보유자의 승낙 없이는 생산이 불가능하다. 그래서 산업화 초기에 있는 나라들은 프로세스 특허제도만 운영하고 물질특허제도는 채택하지 않는 게 일반적이었다. 일본도 1980년대 초에야 물질특허제도를 도입했다.

반대운동의 선봉장

1983년에 이르러 물질특허 개방 논쟁이 본격화되고 미국의 압력이 거세지자 정부는 다급해졌다. 전자제품 등은 이미 미국 등 해외시장에 진출해 우리 경제에 미치는 영향이 커진 분야인데 정밀화학은 걸음마 단계이니 양자택일을 하라면 답은 뻔했다. 정부 입장은 물질특허제도를 도입하는 쪽으로 기울고 있었다.

채영복의 생각은 달랐다. 이 분야 기업들이 스스로 기술과 자본을 축적해 선진국들처럼 신물질을 만들 여력을 갖춘 다음에 물질특허제도가 들어와야 하는데, 성장 단계에서 들여오면 싹을 틔우기도 전에 잘라버리는 격이라고 주장했다.

채영복은 "우리 기업들이 신물질을 창출할 자본을 축적할 때까지 물질특허제도 도입을 유예해야 한다"며 허용 제약공업협회장, 하영철 농약공업협회장 등과 연대해 물질특허도입반대운동의 선봉에 섰다. 정밀화학공업진흥회를 주축으로 관련 기업들을 규합해 조직적인 캠페인도 벌여나갔다.

KIST 시절부터 시작된 반대운동은 채영복이 화학연구소장으로 자리를 옮긴 후까지 4년간 지속됐다. 반대운동은 언론을 비롯해 국회에서도 확산됐는데 이상희 의원이 앞장서 주었다. 정부는 다른 산업 수출에 악영향을 미칠까 노심초사했는데 채영복은 정부 의중을 무시하고 반대운동을 격렬하게 펼쳐 나갔다. 경제기획원 공무원들 모두 혀를 내둘렀다. 채영복은 "요즘 같은 때 반대운동을 그 정도로 격하게 펼쳤다면 목이 몇 개라도 남아 있지 못했을 것이다. 당시 관료들의 관용에 경의를 표한다"고 말했다.

물질특허제도 도입 문제가 사회적인 이슈로 부각되면서 정부 내에도 상공부 산하에 물질특허민간협의회를 설치하고 경제기획원 내 각 부처 차관을 위원으로 '범부처물질특허대책위원회'를 발족해 대응책 마련에 나섰다.

미 국무부에서의 '愚問 작전'

1984년 이정오 과기처 장관을 필두로 조경목 기획관리실장, 경상현 전자통신연구소장, 채영복 한국화학연구소장, 관련 국장 등 10여 명으로 구성된 대표단이 미 국무부를 방문했다. 5공화국 출범 후 한미과학기술협정 개정을 논의하기 위해서였다.

채영복은 며칠 앞당겨 세인트루이스에 있는 몬산토 본사에 들렀다. 닥쳐올 물질특허제도 도입에 대비하기 위해 신물질 연구에 착수해야 했는데 국내에는 그럴 능력이 없어 몬산토와 공동연구를 추진해 이 문제를 타개하고 싶었다.

그런데 항상 반갑게 맞아주던 마브르그 연구소장이 그날따라 채영복을 대하는 태도가 달랐다. 점심식사 자리에 두 젊은 신사가 합류했는데 워싱턴에 파견된 몬산토 소속 변호사들이었다. 한 사람은 동두천에서 군복무를 해서인지 한국 사정에 밝았다.

이런저런 이야기를 하다 물질특허제도 도입 문제로 화제가 이어졌다. 그들은 "한국이 하루 속히 물질특허제도를 도입해야 한다"는 이야기 끝에 "당신들이 국무부를 방문하는 날 한미과학기술협정 갱신을 논의하기 전 한 시간 동안 미국 화학회사 소속 변호사들과 토의하는 일정이 잡혀 있다"며 "물질특허제도 도입에 대한 미국 기업 측 입장이 개진될 것"이라고 귀띔해 주었다. 압력을 가하려 한 말이었지만 채영복에게는 귀한 정보였다.

이튿날 채영복은 이정오 장관에게 이 사실을 알리고 대응 방안을 숙의했다. 이 장관의 전공은 기계, 조경목 실장은 전기공학으로 채영복 외에는 물질특허 문제를 자세히 파악하고 있지 못했다. 논의 끝에 물질특허제도에 관해 우문(愚問)을 던지며 한 시간을 채우기로 했다. '모르쇠' 작전을 펴기로 한 것이다. 한국대표단 일행이 국무부에 도착하니 들은 대로 국무부 측에서 미국의 여러 화학회사 변호사가 모여 있는 회의실로 안내했다.

채영복은 작전대로 "장관은 전공이 기계분야이고 기획실장은 전기과 출신, 경상현 소장(훗날 정보통신부 장관) 역시 전자 쪽 연구를 한 사람으로 물질특허제도에 대한 지식이 없으니 개념부터 들려 달라"고 선수를 쳤다. "DDT 같은 화합물질도 물질특허에 적용되느냐?" 같은 우문을 던져 핵심적인 논의를 피해 예정된 한 시간이 지나가 버렸다. 그들이 의도한 본론에 접근조차 못하게 한 것이다. 채영복의 기지로 고비를 넘길 수 있었는데, 실제로 당시 우리 국민은 물론 대학교수들도 물질특허제도 개념과 경제적 파급을 제대로 파악하지 못하고 있었다. 물질특허제도 도입 압력이 거세졌을 때 채영복이 학술원에 초청받아 지적소유권을 주제로 강연했을 정도였다.

미래를 위한 빅딜

채영복은 카이스트에서 사용하던 민간부문 용역 예산을 화학연구소로 가져와 종잣돈으로 썼다. 처음 몇 년은 KIST에서 추진하던 제조공정 혁신 연구가 화학연구소에서도 지속됐다. 채영복은 머지않아 물질특허제도가 도입될 시점이어서 프로세스 개발 연구에서 신물질 연구로의 전환을 위한 시동을 걸었다. 신약과 신농약을 개발하기 위해서는 신물질 합성도 중요하지만 화합물에 대한 생체 내·외(in vitro in vivo) 약효검사를 하는 생리학적 시험도 중요했다. 약효스크리닝연구팀, 전임상생화학실험팀, 독성분석팀, 임상시험팀 간 끊임없는 되먹임과 상호작용이 필요하고 이런 협업 없이는 목적을 이룰 수 없었다.

화학연구소의 유기합성 능력 외에 새로운 연구시설과 이를 운영할 소프트웨어와 인력 등이 구비돼야 신물질 창출 연구를 시작할 수 있는데 화학연구소는 물론 국내 어디에도 그런 시설과 인력이 없었다. 신물질 창출에 필요한 시설 등 하드웨어를 구축하는 일이 시급했고 시설을 운영할 소프트웨어와 인력을 어떻게 확보하느냐가 관건이었다. 이를 뒷받침할 막대한 재원 조달 또한 큰 문제였다.

정부 입장이 물질특허제도를 도입하는 쪽으로 기울어질 무렵 채영복은 문희갑 경제기획원 차관(훗날 경제수석, 대구시장)을 찾아갔다. 예산실장으로 있을 때부터 연구소 예산 문제로 면식이 있었다. 예산실장은 막강한 권한을 지니고 있었는데도 예산철이 되면 대덕연구단지에 내려와 애로사항을 청취하고 예산에 반영해주곤 했다. 채영복은 과학기술에 애착이 많은 문 차관에게 한 가지 제안을 했다.

"물질특허제도 도입 반대 운동을 철회하겠습니다. 대신 수입하고 있는 화학제품 관세의 3%를 신물질 창출 연구에 쓸 수 있게 해주십시오."

채영복의 격렬한 물질특허제도 도입 반대 운동을 어떻게 잠재울까 고민하던 문 차관은 채영복의 제안에 반색했다. 며칠 후 김기항 경제기획원 대외협력위원장으로부터 만나자는 전갈을 받았다. 물질특허제도 도입 문제가 대외협력위원회 소관인 듯 했다.

"관세에서 연구비를 뗄 수는 없고 재정에서 필요한 비용을 지원하겠습니다."

200억 원 규모의 예산이 이듬해 과기처 국책연구비에 책정됐다. 과기처 국책연구비가 700억 원 정도였는데 3분의 1에 달하는 거액이 채영복에게 책정된 것이다. 그 외에도 화학연구소 내 신물질합성 연구동과 국내 최초의 무균실험동물생산시설, 독성시험시설, 의약품스크리닝시설 등의 건설을 위한 예산 지원도 약속받았다. 거액의 연구비를 배정받고도 시설과 인력이 없어 첫 해에는 다 소화하지도 못했다.

시설 건설과 운영에 필요한 소프트웨어와 인력을 확보하는 게 시급했다. 국내 대학과 산업계에서는 그런 경험을 가진 인력을 찾을 수 없었다. 채영복은 다국적기업들의 신세를 지는 전략을 세웠다. 축적한 유기합성 능력을 내놓고 다국적기업들의 생물·생리학 부문의 축적된 자산을 합쳐 공동연구를 추진하는 방향으로 사업계획을 마련했다. 공동연구안을 들고 국내 진출한 다국적기업들의 본사를 찾아가 협상을 시작했다. 요즘 유행하는 '오픈이노베이션(open innovation)'이 50년 전 우리나라에서 시동을 건 것이다.

몬산토의 거절에서 얻은 아이디어

비교적 간단한 농약부터 시작하기로 했다. 가장 먼저 노크한 곳이 미국 몬산토(Monsanto)였다. 몬산토의 제초제 '라운드업'은 몇 그램으로 1헥타르 내 모든 잡초를 고사시키는 위력으로 세계시장을 휩쓸고 있었다. 몬산토는 화학팀과 생물팀이 긴밀한 융합연구를 추진하기로도 유명했다. 농작물의 유전자조작을 통해 라운드업에 내성을 지닌 종자를 개발했는데 이 종자를 심은 농장에 라운드업을 살포하면 작물만 남기고 잡초를 완전히 제거해 생산성을 획기적으로 증대시킬 수 있었다. 유전자조작 농산물(GMO)의 원조다.

몬산토는 100여 년 전 자본금 5,000달러로 시작한 회사다. 설립자 퀴니는 약국 약사로 근무하며 스위스의 한 회사로부터 사카린을 들여와 판매하는 일에 관여하다 부업으로 사카린 중간재를 들여와 합성해 파는 회사를 설립했다. 약국에 소속된 퀴니는 전면에 나설 수 없어 아내 몬산토 명의로 회사를 설립하고 사명도 '몬산토'로 지었다. 얼마 안 가 중간재 공급이 안 돼 어려움을 겪다 어렵사리 스위스에서 기술자를 영입해 일괄공정으로 사카린을 생산하는 데 성공했지만 이 과정에서 유럽인들로부터 많은 수모를 겪었다. 어쩌면 몬산토는 한국이 겪는 어려움을 이해할 수도 있을 것 같았다. 채영복이 첫 번째로 몬산토를 찾은 이유였다.

채영복은 몬산토 농약을 국산화하면서 다툼도 많았지만 싸우면서 친해졌다. 몬산토는 자사 제품을 한국 내에서 보호하려고 주기적으로 채영복연구팀과 접촉했었다. 채영복은 세인트루이스에 있는 본사에 여러 번 초청받았고 연구 분야에 대해 의견도 많이 주고받았다. 1984년 여름 채영복은 연구개발을 총괄하는 마브르그 소장을 찾아갔다.

“알다시피 우리는 유기합성 분야에서 잘 훈련된 인력이 많지만 스크리닝 같은 생물학적 연구를 할 능력이 없어 신물질 창출에 어려움이 있으니 우리의 합성 능력과 몬산토의 물질 설계 능력, 생물학적 연구 부문을 합쳐 공동연구를 하면 윈윈할 수 있지 않겠소? 우리는 정부 지원을 충분히 받고 있어 재원도 충분하오. 연구가 완료돼 신제품이 출시되면 판매액의 3%만 우리에게 주시오.”

마브르그 소장의 반응은 냉담했다.

“우리는 아이디어도, 합성 인력과 연구 재원도 충분한데, 당신들이 공동연구를 위해 제시할 다른 조건이 있소?”

채영복은 그 외에 제공할 조건을 백방으로 생각해 봤지만 찾을 길이 없었다. 점잖게 거절당한 것이다. 채영복은 마브르그 소장의 생각을 읽었다.

‘한국이 하려는 것은 ‘파괴적 기술혁신’에 속하는데 한국의 기술 수준은 이제 겨우 범용제품 생산능력 수준에 머물러 있다. 그런 능력으로 우리와 공동연구를 하겠다고? 그것도 선진국 중에서도 몇 나라만 가능한 연구를?’

우리나라의 일반적인 기술 수준이 제품수명주기 맨 끝자락에 있는 범용제품 생산에 머물러 있는 형편인데 맨 꼭대기에 위치한 신물질을 창출하겠다고 나선 것이었다. 채영복은 현실과 목표 사이에 간극이 엄청나게 크다는 것을 통감했다. 그러나 채영복은 마브르그 소장과의 대화에서 아이디어 하나를 얻었다.

‘몬산토와 달리 분자 설계 아이디어도 있고 연구 노하우도 충분

하지만 재정상 합성연구 인력이 부족해 어려움을 겪는 회사도 있지 않을까?'

채영복은 그런 회사를 찾아내면 제안이 먹힐 것이라고 확신했다.

벨지콜, 경쟁자에서 파트너로

채영복은 돌아오는 길에 LA에 있는 화학연구소 자회사 ACT에 들러 이런 아이디어를 설명하고 그런 회사를 물색해 달라고 했다. 마침 ACT는 국내 기업들을 위해 미국 농약시장을 조사하기 위해 미국 농약회사들과 접촉하고 있었다. 얼마 후 ACT 임천수 사장으로부터 회사를 물색했다는 보고가 올라왔다. '벨지콜'이란 중견 농약회사인데 재정이 어려워 합성인력이 충분치 못해 잘하면 우리 제안이 받아들여질 것 같다고 했다. 숙원인 선진국 기업과의 공동연구의 문이 열리는 순간이었다.

채영복은 벨지콜과 접촉해 예견했던 대로 공동연구 협상이 이루어졌다. 그리고 벨지콜의 분자 설계에 따라 다양한 물질을 합성해 공급하기로 했다. 벨지콜은 물질 스크리닝과 생물학적인 체내·외(in vitro in vivo) 약효 검사와 필드테스트를 분담해 성공할 경우 판매액의 3~8%를 화학연구소에 로열티로 제공하기로 했다. 세계시장 판매액의 3%가 적은 금액이 아니기도 했지만 이를 통해 신물질 창출 연구에 필요한 요소기술에 접근할 수 있는 것이 더 큰 수확이었다.

화학연구소는 벨지콜이 제시한 화합물을 열심히 합성해 벨지콜로 보냈고 스크리닝한 결과들이 하나둘 되돌아오기 시작했다. 보낸 화합물 중 약효가 발견될 때마다 신물질연구팀은 환호했다. 이재현 박사팀, 유응걸 박사팀, 김대황 박사팀, 박창식 박사팀, 박노상 박사팀, 그리고 몬산토에서 영입된 황기준 박사팀이 열과 성을 다해 많은 화합물을 합성해냈다. 공동연구가 순조롭게 진행되던 중 양쪽의 협력을 관장했던 벨지콜의 볼프(Volpp) 박사가 더 큰 회사인 FMC로 자리를 옮기면서 공동연구도 FMC로 연계됐다.

문제는 합성한 화합물이 FMC에 보내진 후 스크리닝 결과가 되돌아오기까지 석 달 넘게 걸리는 것이었다. 보낸 물질의 약효 여부를 알지 못한 채 합성을 계속하다 보니 노력 낭비가 심했다. 채영복은 FMC에 "화학연구소가 스크리닝을 직접 할 수 있게 해달라"고 요구했다. FMC도 그게 합리적이라 판단해 스크리닝기술을 하나둘 이양해 주었는데, 이는 협상 때부터 채영복이 염두에 둔 것이었다.

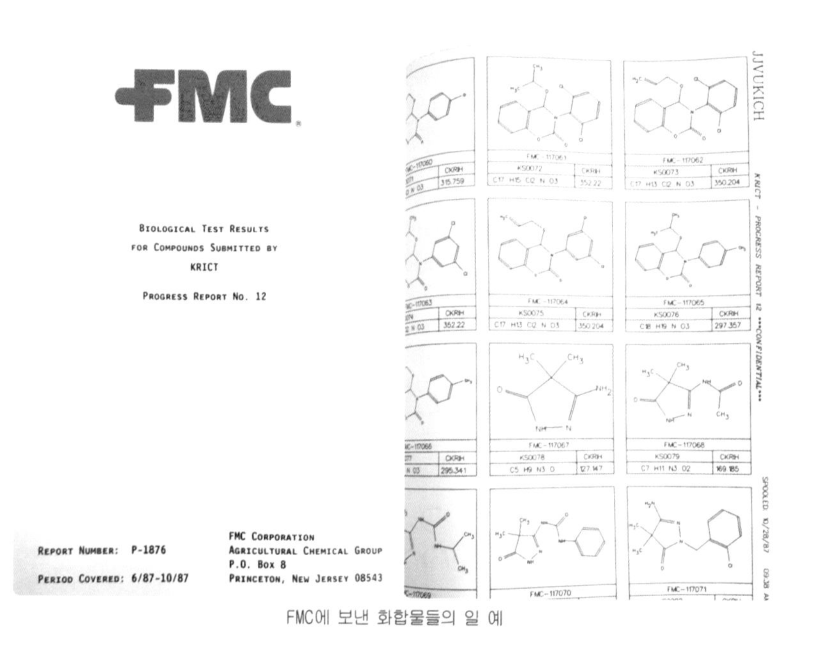
FMC

BIOLOGICAL TEST RESULTS
FOR COMPOUNDS SUBMITTED BY
KRICT

PROGRESS REPORT NO. 12

REPORT NUMBER: P-1876
PERIOD COVERED: 6/87-10/87

FMC CORPORATION
AGRICULTURAL CHEMICAL GROUP
P.O. BOX 8
PRINCETON, NEW JERSEY 08543

JJVUKICH
KRICT - PROGRESS REPORT 12 ***CONFIDENTIAL***

FMC에 보낸 화합물들의 일 예

농약스크리닝센터

채영복은 조광연 박사, 공성빈 박사, 김진석 연구원을 석 달간 FMC에 파견해 생물학적 테스트 노하우를 전수받게 했다. 농약스크리닝연구동도 지었는데 필요한 노하우는 조광연 박사와 사제지간인 일본 이화학연구소 고바야시 교수를 통해 들여왔다.

그 결과 스크리닝연구동 건설에서 잡초·해충·병균의 생육과 관리, 약효테스트 등 요소기술을 국내에 정착시킬 수 있었다. 습득한 농약신물질 창출에 필요한 요소기술들은 산업계에 전수돼 오늘날 농약신물질 창출 연구의 밑거름이 됐다.

농약 스크리닝시험

글로벌 공동연구 시동

채영복연구팀의 미국 FMC와의 공동연구가 성공적이라는 입소문이 다국적기업들 사이에 퍼지자 어제까지 부정적이던 거대 기업들이 하나둘 마음을 바꾸어 화학연구소와의 공동연구에 관심을 갖게 됐다.

가장 먼저 공동연구를 제안한 곳이 듀폰이었다. 듀폰 경영진이 화학연구소를 방문해 공동연구가 추진됐다. 만일에 대비해 각기 다른 비행기를 타고 내한한 경영진은 기자들의 질문에 "화학연구소와 협력하기 위해 왔다"고 했다.

얼마 후 듀폰은 화학연구소와의 공동연구 협약 사실을 미국 언론에 홍보물을 배포했다. 이를 본 FMC가 듀폰에 항의하는 사태가 벌어졌다. "화학연구소 공동연구 파트너는 우리인데 왜 듀폰이 끼어들어 이익을 침해하려 하느냐?"는 것이었다. 듀폰으로부터 문제를 해결해 달라는 요청이 와 1987년 크리스마스 직전 미국 내 항공노선이 극도로 혼잡한 때 채영복은 윌밍턴 듀폰 본사를 방문해 문제를 해결하느라 진땀을 뺐다.

이런 과정을 거쳐 한국화학연구소의 국제 공동연구 파트너는 독일 훽스트, 미국 몬산토, 영국 스미스클라인비참, 버로우즈웰컴 같은 굵직한 제약사들로 확대되고 농약뿐 아니라 신의약 부문까지 공동연구 영역을 넓히게 됐다.

DU PONT

E. I. DU PONT DE NEMOURS & COMPANY

WALKER'S MILL, BARLEY MILL PLAZA
WILMINGTON, DELAWARE 19898

AGRICULTURAL PRODUCTS DEPARTMENT

August , 1987

Korea Research Institute of Chemical Technology (KRICT)
P. O. Box 9
Daedeogdan
Chung Nam, Korea

Gentlemen:

COLLABORATION AGREEMENT

This is a collaboration agreement which is signed between E. I. du Pont de Nemours and Company (hereinafter referred to as Du Pont) and Korea Research Institute of Chemical Technology (hereinafter referred to as KRICT) for joint research and development of new compounds. This collaboration will determine if the activity of a compound prepared by KRICT and submitted to Du Pont is of sufficient interest for commercialization, under the following agreement.

1. TERM OF THE COLLABORATION AGREEMENT

The term of this Agreement will be ten (10) years from the date of acceptance of this Agreement by KRICT unless terminated sooner in accordance with paragraph 6 hereof or extended by further mutual agreement in writing.

2. ACTIVITY BY KRICT

During the term of this Agreement, KRICT at its own expense will prepare and prescreen compounds according to a program to be mutually agreed upon and provide these compounds, preferably at least 500 mg per compound, to Du Pont along with information which may be helpful to Du Pont's evaluation for biological utility, e.g., chemical structure, properties, safety and biological activities. KRICT is able to evaluate certain biological properties of chemical compounds and intend

미국 듀폰과의 농약 부문 공동연구 협약서

앞줄 왼쪽부터 채영복, 잭 크롤 듀폰 사장, 이재현 박사, 가운데줄 왼쪽부터 제리 스톤, 유응걸 박사, 황기준 박사, 존 카베리, 맨 뒷줄 왼쪽부터 짐 리글먼, 트루디 브라이언, 존 리퍼, 조엘 웜맥

후이스겐 교수의 화연 방문

오른쪽부터 채영복, 후이스겐 교수, 조광연 박사

김대황 박사의 회고

1987년 도입되는 물질특허에 대비해 1985년부터 신물질 개발 연구를 시작했다. 신물질이 무엇인지부터 물어보고 다녔는데 정확히 아는 사람이 없었다.'new material','new chemical', 'new molecule', 'new substance'의 차이를 아는 사람도 없었다.

외국회사들 물질특허를 출원해 주는 변리사들에게 물어보고 제약사 사람들에게도 물어보았다. 생각나는 화합물은 독일 화학총서 〈바일슈타인〉(Beilstein)에 다 들어 있었는데, 그 유명한 책이 한국화학연구소에도 일부만 있었다.

'new chemical entity' 또는 'new molecular entity'라는 단어가 해외 과학자들에게서 들리기 시작했다. 그들에게 열심히 물어 신물질이 한 번도 알려진 적 없는, 세계 최초의 약효가 있는 단분자 화합물임을 알게 됐다.'약효'와 '최초 화합물'의 두 가지 조건을 가진 물질이었다.

세계 최초의 화합물은 유기합성으로 얻으면 됐는데 약효시험이 문제였다. 농약은 의약과 달리 사람을 대상으로 시험하는 것이 아니어서 조금 쉬워 보였다. 국내에 수요가 많은 농약 신물질부터 개발하기로 했는데 농약도 쉬운 것이 아님을 곧 알게 됐다.

농약에는 3개 약효 분야가 있는데 잡초 방제(제초제), 벌레 방제(살충제), 병균 방제(살균제)다. 잡초만 해도 봄, 여름, 가을, 겨울 일 년 내내 각기 다른 잡초가 발생한다. 잡초마다 발아하고 생육하는 온도와 기후 조건이 다르다.

봄잡초는 봄 농사를 어렵게 하고 여름잡초는 벼농사를 망치며 가을잡초는 밀·보리농사에 해를 입힌다. 새로 합성한 화합물이 어느 잡초에 효과가 있을지 알 수 없어 봄에는 봄잡초, 여름에는 여름잡초, 가을에는 가을잡초를 모두 시험해야 했다.

하나의 화합물을 합성해 계절마다 시험하게 되면 화합물 하나 시험하는 데만 1년이 걸린다. 약효시험 결과를 봐야 더 좋은 화합물을 어떻게 합성할지 알 수 있는데 그렇게 오래 걸리면 연구가 진척되기 어렵다. 시간 낭비, 돈 낭비, 인생 낭비였다.

봄·여름·가을잡초가 일시에 발아하도록 만들어 한 번에 시험하면 연구개발 속도가 빨라질 수 있었다. 잡초 종자가 동시에 발아하도록 만드는 것은 간단한 일이 아니었다. 국내에서는 누구도 해본 적이 없었다.

한국화학연구소는 합성한 화합물을 미국 농약회사 FMC에 보내 시험하기로 했다. FMC의 볼프 박사는 채영복의 오랜 친구였다. FMC와 계약한 후 한국화학연구소가 합성한 화합물을 보내주면 FMC가 시험 결과를 보내주었다. 1987년 봄, FMC 연구소 엔겔(Engel) 박사 등 셋을 1주일간 한국화학연구소에 파견해 신농약 화합물 합성법과 화합물 개발 구조(tree) 등을 교육했다.

한국에서 봄, 여름, 가을에 잡초시험을 하면 1년이 소요됐는데 미국으로 보내 시험하면 약제 발송부터 결과를 받는 데까지 6개월이 소요됐다.

FMC와 1986년부터 1987년까지 2년간 계속하던 채영복은 볼프 박사와 협의해 한국화학연구의 스크리닝팀 조광연 박사, 공석빈 박사, 김진석 연구원을 FMC 연구소에 석 달간 파견해 제초제 스크리닝을 배우게 했다. 스크리닝이 화학연구원에서 이루어져 연구에 속도가 붙었다.

살충제 시험도 간단치 않았다. 여러 종류의 벌레를 키워야 실험할 수 있었는데, 생육 조건이 다른 벌레들을 한 연구실에서 키우기도 어렵고 벌레들을 번식시켜야 계속 시험할 수 있는데 벌레들은 먹이를 주기 위해 문을 열기만 하면 탈출했다. 외래 해충이 실험실을 탈출해 번식하기라도 하면 우리 농업과 환경에 무슨 일이 벌어질지 모를 일이었다.

살균제는 병균이 눈에 보이지 않아 위험관리가 더 어려웠다. 도쿄대에서 농학박사학위를 취득한 조광연 박사가 일본 학맥을 동원해 해결해 나갔다.

합성팀도 보강됐다. 유응걸 박사팀, 이재현 박사팀, 김대황 박사팀, 박창식 박사팀, 황기준 박사팀이 본격적으로 참여했다. 연구소 온실에서 검증해 활성이 좋다고 생각되는 화합물을 FMC로 보내 상세 스크리닝을 했는데, 어린 연구원이 "왜 한국에서 만든 화합물을 외국으로 보내느냐, 돈 받고 빼돌리는 것 아니냐?"며 고발하는 해프닝이 벌어지기도 했다. 많은 사람이 검찰에 불려가고 소장인 채영복도 국회에 불려가 곤욕을 치렀다.

돈 받고 외국에 팔 만한 화합물이 얻어지면 얼마나 좋겠느냐만 한국에서 개발한 신농약 신물질의 라이선스 수출은 15년 후에나 이루어졌다. 화학연구소의 피나는 노력은 국내는 물론 세계 농업에까지 기여하게 됐다. 현재 신물질 신농약을 개발하는 나라는 미국, 독일, 일본, 한국과 스위스 신젠타(Syngenta)를 인수한 중국 5개 국뿐이다.

이런 노력으로 '메타미포프(Metamifop)', '플루세토설푸론(Flucetosulfuron)', '테라도르(Terrador)'등 세계적인 신물질 신농약을 개발해 〈세계살충제전서〉(World Pesticide Compendium)에 수록되는 쾌거를 올렸다.

호랑이새끼, 신물질연구사업단

1984년 화학연구소에 신물질연구사업단이 출범했다. 김완주 박사가 사업단장을 맡아 신약·신농약 부문을 총괄했다. 신물질을 만들려면 인프라가 필요했다. 유기합성 부문 외에 독성연구센터, 생리활성도를 측정하는 의약스크리닝센터, 품종 좋은 동물을 키울 시험동물육성센터 같은 시설과 인력이 필요했는데 국내에선 이런 시설을 지어본 적이 없고 전문 인력도 없었다. 카이스트에서 합류한 노정구 박사가 앞장서 주었다. 노 박사는 인맥을 동원해 일본에서 기술자들을 데려와 우리나라 최초의 독성연구센터와 스크리닝센터, 동물실험동을 지었다.

실험용동물은 무균실에서 키워야 했다. 균이 들어가면 의약품을 테스트할 때 오차가 발생한다. 연구원들을 일본, 미국, 영국 등지로 연수를 보내는 한편 해외 전문가들도 초빙했는데 유엔개발계획(UNDP) 자금이 요긴하게 쓰였다. 해외 전문가로 일본의 사토 젠이치 선생, 듀폰의 이기풍 박사, 노무라종합연구소 안전실장 나카자와 박사 등이 있었다. 사토 젠이치 선생은 "한국을 도우라"는 스승의 유지를 따라 초창기부터 20년 넘게 화학연구소의 안전성 구축을 도왔다. 이기풍 박사는 듀폰 독성연구소 병리전문가로 초창기부터 매년 연구소를 방문해 자료를 점검하고 인력을 훈련했다.

의약품은 농약에 비해 약효 스크리닝 과정과 전 임상시험 과정이 복잡했다. 경험 있는 연구자를 국내에서 찾을 수 없어 외국기업들과 공동연구를 모색해야 했다.

신의약 창출 연구에 도움을 청하기 위해 농약 연구로 물꼬를 튼 훽스트를 가장 먼저 접촉했는데 마침 훽스트 의약부문 연구 총책 미카엘 사이들 박사가 채영복과 같은 지도교수 밑에서 학위를 받은 선배였다. 훽스트와는 한독약품 에탐부톨 개발 때도 교류가 있었다. 채영복이 "한 수 배우겠다"며 제휴를 제안하자 그들의 의견이 둘로 갈렸다. 채영복과 은사가 같은 소장은 도와주려 했지만 다른 쪽은 채영복을 도와주면 "호랑이를 키우는 것"이라며 반대했다. 결국 소장이 밀어붙여 훽스트와 공동연구가 이루어졌다.

회의 중 여러 전문가가 이런저런 준비사항을 주문하는데 채영복은 귀에 들어오는 단어가 하나도 없을 만큼 생소했다. 연구원들을 뽑아 훽스트에 연수를 보냈는데 그중 독일에서 영입한 김은주 박사에게 항생제 스크리닝 기술부터 전수받도록 했다.

AGREEMENT

among

HOECHST AKTIENGESELLSCHAFT
6230 Frankfurt/Main 80
Federal Republic of Germany
(hereinafter called HOECHST)

KOREA RESEARCH INSTITUTE OF CHEMICAL TECHNOLOGY
P.O.Box 9, Daedeogdanji
DaeJun, Chungnam, Korea

and

KOREAN ADVANCED INSTITUTE OF SCIENCE AND TECHNOLOGY
P.O.Box 131, Dong Dae Mun
Seoul, Korea
(hereinafter commonly called KOREAN PARTNERS)

Whereas, HOECHST has, inter alia, the facilities for, and a long standing great expertise in the research, development and production of pharmaceuticals.

Whereas, the KOREAN PARTNERS possess a substantial capacity for the synthesis of chemical compounds and are able to evaluate certain biological properties of such compounds, and intend to expand their capability necessary for independent development of new pharmaceutical products.

Whereas, the parties believe that common research efforts in certain pharmaceutical field will be beneficial to both parties.

The parties agree, therefore, as follow:

Article I - Definitions

for the purpose of this Agreement the following terms shall have the meanings ascribed:

훽스트와 의약품 개발 공동연구 협약

의약품 스크리닝 시스템 구축

채영복은 새로 지은 안정성연구동에 의약활성연구실을 설치하고 안정성연구센터장 노정구 박사에게 겸직을 부탁했다. 후임을 천연물연구실장 지옥표 박사에게 맡겼는데, 지 박사는 의약스크리닝 전문가가 아니었지만 찬물 더운물 가릴 여유가 없었다. 김은주 박사의 훽스트 연수에 이어 미국에서 박은규 박사가 합류했다. 박 박사를 통해 미국 NIH에서 표준 ATCC 균주와 NIH 프로토콜(prtocol)을 입수해 항생제 역가를 검정할 시스템이 구축됐는데 이것이 우리 의약품 스크리닝 시스템의 효시다.

초기 화학연구소의 신의약 연구는 항생제에 초점을 맞췄다. 3세대 항생제 세파로스포린계 신물질 창출에 이어 4세대 퀴놀론계 항생제 연구로 발전됐는데 김완주 박사팀이 주도했다. 김 박사팀의 퀴놀론계 항생제 연구 결과는 훗날 영국 스미스클라인비참에 기술수출까지 했는데 라이선스비가 2,000만 달러, 선급 로열티가 100만 달러에 달했다. 역사적인 기술수출이었지만 산업화에 이르지는 못했다. 화합물 역가는 좋았지만 제제화하기 위해서는 단점을 보완하는 연구가 뒤따라야 했는데 연구비 지원이 여의치 못했다.

신약 연구의 외연을 넓히다

신약 개발이 항생제에서 심장순환계 등으로 외연을 넓혀갔다. 다행히 1987년 듀폰 의약개발연구팀의 유성은 박사를 영입하는 데 성공했다. 유 박사는 듀폰에 잘 정착하고 있어 귀국 권유에 응하지 않다가 전산전문가인 배우자의 취업을 알선하는 조건으로 영입할 수 있었다. 유 박사는 신화섭 박사와 함께 심장순환계 스크리닝 시스템을 국내 최초로 구축했다.

스크리닝 대상을 미생물에서 실험동물(설치류, 개, 토끼 등)로 확장한 연구시설이 구축돼 다양한 체내·외(in vitro, in vivo) 모델을 확보했다. 이를 이용해 고혈압치료제, 허혈성심순환기계 치료제, 황반부변성치료제, 심부전치료제 등의 후보물질을 창출하면서 신약 연구의 외연을 넓혔다. 유 박사팀이 피나는 노력을 한 결과다.

박노상 박사팀은 동아제약 후원으로 고추의 매운 성분인 캡사이신 유도체로부터 비(非)마약성진통제 개발을 추진했다. 이 연구는 일본 야마노우치(山之內製藥)제약에 라이선싱돼 원숭이를 대상으로 2상까지 마쳤지만 너구리 대상 시험에서 안구혼탁증을 일으켜 도중하차했다.

안전성연구센터 설치

정부의 재정 지원과 노 박사의 추진력으로 신물질 창출에 중요한 독성연구센터와 동물실험에 필요한 무균사육을 위한 안정성연구동 건립이 추진됐다. 1986년 국내 최초의 동물실험실(SPF, Specific Pathogen-Free)을 350평 규모로 완공하고 본격적인 독성실험을 시작했다. SPF는 유명 시설이 됐고 귀빈 방문 때 연구소투어의 필수코스가 됐다.

이듬해 2차 동물시설(1,900여 평)을 확충하는 등 지속적인 시설과 인력 투자로 1988년 국내 최초 GLP(Good Laboratory Practice) 인증을, 2000년에는 OECD GLP 상호인증을 획득했다. 2005년에는 국내 기업 제품의 동물독성시험 데이터에 대한 미국 FDA의 실사를 받는 등 국제 수준의 시설과 기술의 우수성을 인정받았다.

2002년 안전성연구센터는 화학연구소 부설 안전성평가연구소로 독립했다. 그 후 지속적인 정부 투자에 힘입어 현재 연구실험시설로 대전본부(6,000평), 전북분소(정읍, 9,000평), 경남분소(진주, 4,000평) 등에 시설과 인력을 갖춰 명실상부한 글로벌 안전성평가기관으로 성장했다. 독성시험연구는 일본 노무라연구소의 나카사와 박사와 사토 선생의 자문이 큰 힘이 됐다.

노정구 박사의 후기

안전성평가연구소는 독성연구 분야에서 국내 유일한 정부출연연구기관으로 의약품, 농약, 기타 화학물질에 대한 안전성평가와 독성연구를 통해 국민의 안전한 삶과 국가산업 성장에 기여하고 있다.

코로나백신 개발을 위한 독성시험을 수행하고 미세먼지와 미세플라스틱이 인체와 환경에 미치는 영향을 연구하고 있다. 물질특허제도 도입에 대응한 국내 정밀화학산업 촉진 프로젝트가 성공한 결과다. 40년 전 한국은 독성평가 관련 하드웨어와 소프트웨어의 불모지였다. 국내 최초 SPF 독성시험시설 건축을 위해 국내에서는 참고할 샘플이 없어 건축 설계자를 일본 제약사들의 독성시험시설을 견학시켜 설계하도록 하고, 시공업체 관계자들을 재차 일본의 여러 시설물을 견학하게 했다. 복잡한 공기조절장치와 오염방지시설이 요구되는 특수 건물이었기 때문이다.

안전성평가에서 필요한 인력 확보와 훈련은 하드웨어보다 복잡하고 범위가 넓어 상상을 뛰어넘었다. 내가 독성시험을 설명하고 보고할 때마다 채영복 소장은 머리가 복잡해졌다.

"독성시험은 일반독성(급성·만성), 특수독성(유전·생식·흡입독성), 환경독성이 있고, 쥐, 개, 원숭이, 나아가 수생동물과 물고기까지 사용되는데 … 실험동물 생리학, 병리학, 약학, 미생물학, 생물학, 화학분석, 통계학, 컴퓨터, 항온항습시설 관리, 신뢰성 보증(GLP 매뉴얼 수립) 등의 인력이 필요한데…"

독성시험은 선진국이 아니면 할 수 없을 만큼 어렵고 복잡한 분야였다. 채영복 소장은 "노 박사를 믿는다"며 "계속 해보자"고 격려했다.

항바이러스연구실

1980년대 중반 화학연구소의 바이러스 연구는 영국 버로우즈웰컴(Burroughs Wellcome)이 개발한 에이즈(AIDS)치료제 '지도부딘(Zidovudine)' 중간원료 티미딘(Thymidine)의 경제적 합성 프로세스 개발이 효시다. 연구가 성공적으로 완료돼 삼천리그룹에 기술이전 돼 삼천리제약이 설립됐다. 그리고 지도부딘의 오리지널 메이커인 버로우즈웰컴에 역수출하기에 이르렀다.

그 후 채영복은 손종찬 박사, 김대기 박사, 노재성 박사와 함께 항바이러스 신물질 창출을 위한 연구실을 출범시켰다. 스크리닝은 다행히 국내 보건의료원 신영오 박사팀이 HIV바이러스 스크리닝을 할 정도의 시스템을 구축하고 있어 초기 스크리닝은 신 박사팀에 의존했다. 그러나 재현성에서 시행착오가 있어 버로우즈웰컴에 후보물질들을 보내 2차 스크리닝을 맡기곤 했다.

그 후 1985년 바이러스를 전공한 이종교 박사가 영입돼 바이러스 스크리닝 연구가 본격적으로 시작됐다. 바이러스 배양과 바이러스와 화합물구조 간 활성관계를 정량적으로 구축하는 작업이 쉽지 않았다. 민감한 바이러스를 다루기 위해 별도로 연구동을 짓고 BL3(생물안전 3등급) 벤치를 마련해 연구를 에이즈HIV바이러스부터 시작했다.

이 박사는 미국에서 바이러스 연구로 많은 업적을 이루었지만 항바이러스 신약 개발을 위한 스크리닝 시스템을 구축해 본 경험이 없어 어려움을 겪었다. HIV바이러스 연구 분야의 석학인 벨기에 레가(REGA)연구소의 에릭 드 클러크(Eric De Clercq) 교수의 자문으로 약효

검색 시스템 구축에 큰 도움을 받았다. 드 클러크 교수는 채영복과 교분이 두터웠다. 초기 항바이러스 신물질 개발 연구는 에이즈바이러스의 역전사효소(reverse transcriptase) 저해제 중심으로 추진됐다.

다국적기업들에 의해 알려지기 시작한 신물질들을 의약화학적으로 구조변환 하는 방법으로 접근했다. 스크리닝에 필요한 화합물 합성은 채영복과 송종찬, 노재성, 김대기 박사가 참여한 항바이러스연구실이 맡았다.

이종교 박사팀에 의해 1차 스크리닝에서 얻어낸 유효화합물은 버로우즈웰컴과의 협력연구를 통해 추가로 약효를 검색하는 방향으로 연구가 가닥을 잡아나갔다. 이렇게 해서 HIV바이러스 연구가 구색을 갖추었다. 우리나라 항바이러스 신물질 연구개발의 효시다. 그 후 김대기 박사는 SK케미칼에 영입됐다가 이화여대로 가 후학 양성에 전념했다. 노재성 박사는 한국파스퇴르연구소로 옮겨 본격적인 항바이러스연구시스템 구축에 기여했다.

손종찬 박사가 끝까지 남아 에이즈치료제 후보물질에 매달려 끝내 중국에서 3상을 마치고 2022년부터 중국에서 시판됐다. 중국 에이즈치료제시장은 광대하다. 이 기술은 국내 카이노스메드로 이전됐고 현재 중국시장 외 판권을 보유한 카이노스메드의 역량에 따라 중국을 넘어 전 세계로 진출할 길이 열렸다. 한국화학연구소가 20년 넘게 추진해 온 신의약 창출 연구가 열매를 맺기 시작한 것이다.

신물질창출국책연구사업단 현판식. 가운데가 채영복, 왼쪽이 김창규 화학연구소 이사장

신물질연구동 완공 기념. 왼쪽부터 장세헌 서울대 화학과 교수, 최순달 과학기술대 총장, 네 번째 노재현 화학연구소 이사장(전 국방부장관), 이태섭 과기처 장관, 채영복.

정이품송에서
반도체소재까지

낯익은 젊은 신사가 채영복을 찾아왔다.
"일본 필름회사 회장의 특명을 받고 왔습니다.
사진필름 연구가 어려워 포기한다고 해주면
평생 편히 지내도록 보장해 주겠습니다."
채영복은 화가 치밀어 큰소리로 물었다.
"도대체 당신은 어느 나라 사람이오?"
민망해진 신사는 도망치듯 사무실을 나갔다.

의료용 고분자

채영복은 1984년 미국에서 의료고분자를 전공한 이해방 박사를 화학연구소에 영입했다. 국내에서 의료고분자 연구가 이뤄지지 않던 때 화학연구원에서 실험실을 만들며 연구의 기틀을 잡고 후학을 양성했다. 획기적으로 평가받은 인슐린패치, 약물전달용 초미세캡슐, 인공장기 연구가 그의 실험실에서 싹을 틔웠다.

첫 성과는 세계 최초로 개발한 '인슐린패치'였다. 인슐린을 주사 대신 피부에 붙여 투여하는 것으로 '마이크로니들'(microneedle, 피부침)과 '전기적 힘(Iontophoresis)' 개념을 결합해 인슐린을 피부에 투과시키는 획기적인 방법이었다. 하지만 실용화까지 가지는 못했다. 환자에 따라 편차가 커 정확한 양을 투여하도록 미세 조정이 필요한데 기술이 미치지 못해 스폰서회사의 지원이 중단됐다. 채영복은 지금도 아쉬움이 크다. 요즘도 많은 연구자가 '마이크로니들' 개념을 의료 분야에 응용하고 미용 분야에도 활용하고 있다.

천연색필름

사진 감광재료도 정밀화학 분야의 중요한 부문이다. 1960년대 말 70년대 초 KIST에 유치된 과학자들에겐 전공 분야에 매달려 원하는 연구만 고집하는 것은 불가능했다. 그때그때 사회가 봉착한 다양한 과제를 풀어 나가는 데 최선을 다해야 했다. 전공을 따지는 건 사치였고 찬밥 더운밥 가릴 수 없었다. 그래서 "내 몸이 내 몸인가!" 하는 자조 섞인 농담이 오갔다. 채영복이 사진 감광재료를 연구하게 된 것도 그래서였다.

김종양 새한상사 사장은 베트남전에서 미군들에게 컬러필름 현상을 해주어 많은 돈을 벌었다. 필리핀에서 사진을 공부한 김 사장은 사진공업에 애착이 커 한국으로 돌아와 사진공업을 일으키는 데 헌신하기로 맘먹었다. '대한사진'이 흑백인화지를 생산하고 있었고 흑백필름이나 X레이필름, 천연색필름 재료는 생산할 엄두도 못 내고 있을 때다.

김 사장은 KIST 최형섭 소장을 찾아와 도움을 청했다. 최 소장은 KIST에 감광재료 연구 경험이 있는 연구자가 없어 거절했지만 김 사장은 "실패해도 좋으니 연구에 착수해 달라"고 매달렸다. 최 소장은 채영복이 그래도 제일 전공에 가깝다고 생각해 일을 맡아 달라고 했다. 엉겁결에 일을 맡게 된 채영복은 생소한 분야를 개척하느라 고생했다. 독일에서 박사학위를 취득할 때 부전공한 물리에서 광학을 택했고 암실에서 흑백사진 현상을 몇 번 해본 게 전부였다.

감광재료는 화학, 물리, 정밀기계 등 여러 분야가 융합해야 하는 분야였다. 채영복은 KIST 내 물리 분야 정원 박사에게 공동연구를 제안했는데 단칼에 거절당했다. 성공할 확률이 백만 분의 일에 불과하다는 이유에서였다.

하는 수 없이 전무식 박사 연구실이 과학원으로 이전해가면서 남게 된 물리화학 전공자 서시우와 연세대에서 화학을 전공한 변정순을 데려와 연구팀을 만들고 '대한사진'에서 흑백인화지를 생산하던 기술자 강태성을 합류시켰다.

흑백필름부터 연구를 시작했다. 흑백필름은 흑백인화지의 연장선상에서 감광도만 증가시키면 됐지만 감광도 증가가 쉽지 않았다. 젤라틴 선택이 매우 중요했고 은 입자를 어떤 경로로 석출시키고 성장시키느냐에 따라 감광도가 좌우됐다. 은 나노 입자의 결정이 판상이냐 침상이냐에 따라 달라졌고 젤라틴과의 상호작용으로 이뤄지는 숙성 조건에 따라 다르게 나타났다. 물론 감광염료의 질이 큰 영향을 주었다. 변수가 너무 많았다.

하나하나 조건을 바꿔가며 수천 번의 실험을 되풀이하면서 최적의 조건을 찾아야 했다. 암실에서 더듬어가며 몇 해를 고생한 끝에 시판되는 ASA100-200 정도의 필름을 생산해낼 에멀젼을 얻어냈

왼쪽부터 채영복, 세 번째가 심문택 KIST 부소장, 네 번째가 최형섭 KIST 소장, 다섯 번째가 김종양 새한칼라 사장

다. 이를 위해 세계 도처에 공급 가능한 젤라틴 제조회사와 구입 가능한 감광색소를 찾아 헤매는 일이 계속됐다.

대량생산은 더 어려웠다. 셀룰로스 아세테이트 필름 위에 1~2마이크론 두께의 각기 다른 사진 유제를 여러 층 코팅해야 했는데 두께가 균일해야 했다. 이 작업 역시 암실에서 해야 해 고난도 공정이 필요했다. 어렵사리 인화지 생산 설비를 이용해 시제품 생산에 성공했다.

X레이필름에도 도전했다. X레이필름은 감광되는 파장이 단파장일 뿐 흑백필름과 크게 다르지 않았지만 단파장 감광제 역시 쉽지 않았다. 폴리에스터필름에 코팅해 초기엔 연구자들이 돌아가며 자기 손에 X선을 노광해 감광도를 측정할 수밖에 없었다.(후엔 노광기를 개발해 썼다) 이 분야 역시 분투 끝에 상업용 에멀젼을 만들어내는 데 성공했다.

은퇴한 컬러사진 기술자 인터뷰

암실작업을 하다 질산은염이 튀어 연구원 눈에 들어가는 끔찍한 사고도 있었다. 밝은 곳에선 반사신경이 작동해 눈을 자동적으로 감게 마련인데 암실에서는 무방비상태가 된다. 연구원은 불행하게도 한쪽 시력을 잃고 말았다. 채영복은 연구원을 프랑스에 파견해 박사학위를 받도록 배려했지만 지금도 잊을 수 없는 트라우마로 남아 있다.

필름산업을 공업화하려면 선진 기업을 벤치마킹해야 하는데 아무도 공장 내부가 어떻게 생겼는지 알지 못했다. 모든 공정이 암실에서 이루어지고 있어 어렵사리 공장을 견학해도 구조를 정확하게 볼 수 없다. 사진공업만큼 노하우 비밀이 잘 유지되는 산업도 없었다.

산업화를 위해선 거액의 투자가 필요했지만 공장을 세부설계 할 사람이 없었다.

"당신은 어느 나라 사람이오?"

연구가 진행되는 동안 일본의 모 필름회사가 채영복을 경계해 사람을 시켜 연구 진척도를 모니터링했는데 채영복도 감지하고 있었다. 그러던 어느 날 낯익은 젊은 신사가 아침 일찍 채영복을 찾아왔다.

"일본 필름회사 회장의 특명을 받고 왔습니다. 사진필름 연구가 어려워 포기한다고 선언해주면 평생 편히 지낼 수 있도록 보장해 드리겠습니다."

채영복은 화가 머리 끝까지 치밀어 큰소리로 물었다.

"도대체 당신은 어느 나라 사람이오?"

민망해진 신사는 허겁지겁 도망치듯 사무실을 나갔다.

그 사이 김종양 사장이 다른 사업 실패로 파산하고 도미해 채영복은 산업화를 위한 투자자를 찾는 일이 쉽지 않았다. X레이필름의 경우 제일합섬이 필름베이스로 쓰이는 폴리에스터필름 생산에 관심이 컸는데 이창희 사장과 면담도 했다. 아무도 선뜻 이 기술의 산업화에 뛰어들지 못한 이유 중 하나는 공정이 암실에서 이루어져 실체를 볼 수 없는 것이었다. 눈을 감은 채 누가 막대한 투자를 할 수 있겠는가.

몇 해 전 전두환 전 대통령이 이정오 전 과기처 장관을 통해 회고록에 게재할 원고를 청탁했다. 듀폰에서 X레이필름 코팅을 담당했던 한국인 정 박사가 전두환을 만나 이 분야의 산업화에 대해 논의했는데 전두환은 그때 이야기를 회고록에 담고 싶어했다. 채영복은 그때 상황을 4~5페이지로 정리해 전달했다. 박정희 대통령 때도 국내에서 줄기차게 기술 도입을 시도했지만 국내 기술 개발 보호 차원에서 차단하고 있었다.

연구가 마무리될 즈음 컬러필름 연구도 병행됐다. 만만치 않은 도전이었다. 컬러필름을 만들 수 있는 나라는 독일, 일본, 미국뿐이었다. 독일 아그파가 원조이고, 일본 후지·사쿠라, 미국 코닥이 대표적

새한칼라공장 방문. 앞줄 왼쪽부터 채영복, 박달조 박사(KAIST 원장), 심문택 KIST 부소장, 뒷줄 오른쪽 새한칼라 유 부사장

인 회사였다.

코닥의 천연색필름은 아그파 것을 한 단계 업그레이드한 것이었다. 아그파는 색소가 수용성 염료인데 반해 코닥은 색소가 물에 녹지 않는 분산염료다. 아그파 필름이 시간이 지남에 따라 층간 확산이 일어나는 반면, 코닥 필름은 확산이 잘 되지 않아 영상이 흐려지는 현상을 막을 수 있다. 훗날 아그파도 같은 기술을 택했지만 천연색필름은 기술보다 예술에 가깝다.

청·황(녹색)·적 3원색의 에멀젼을 만들어 1마이크론 두께로 층층이 도포하는데 층과 층의 섞임을 방지하는 보호층까지 10개 층을 10마이크론 두께에서 도포해야 한다. 공장에서는 10개 층을 각 층 에멀젼의 비중 차를 이용한 캐스케이드 기술로 일시에 도포한다. 이만저만한 기술이 아니다. 삼원색 유제 층은 각각 해당하는 빛을 받으면 청색층, 황색층, 적색층에 있는 각각 다른 감광염료의 도움을 받아 빛을 흡수해 여기(excited state)되고 다시 원 에너지 위치(ground state)로 돌아오면서 빛을 발산하는데 이 빛이 은 나노 입자를 여기시키고 여기된 에너지가 다시 감광색소에 전달되면서 세 가지 색의 잔상을 만들어낸다. 세 가지 다른 잔상이 합해 천연색으로 투영되는 것이다.

10마이크론 두께 속에 세 개의 복잡한 화학공장이 들어 있는 셈이다. 채영복은 이 속에 들어 있는 수수께끼를 풀기 위해 미국, 유럽 등지에 있는 은퇴한 기술자들을 찾아다닌 끝에 시제품 제조에 성공했다. 삼성물산이 관심을 보였다. 본격적인 투자에 앞서 시장 개척이 필요하다고 판단해 독일 아그파 제품을 국내에서 현상하고 판매하는 것부터 시작하도록 알선했다.

국내에 아그파 시장을 개척하는 동안 사진 관광재료산업에 일대 변혁이 찾아왔다. 사진 감광재료 기술을 디지털화한다는 신호가 나타난 것이다. 결국 아날로그시대에서 디지털시대로 전환하는 과정에서 사멸된 대표적인 업종이 됐다. 채영복이 그토록 공들인 연구가 X레이필름을 제외하고는 빛을 보지 못한 채 물거품이 돼 버린 것이다. 채영복은 가끔 이런 우스갯소리를 했다.

"이럴 줄 알았으면 그때 그 제안을 받아들일 걸…"

독일 아그파필름. 채영복과 김종양 새한칼라 사장

반도체실리콘웨이퍼

1980년대 후반 국내 반도체산업이 급성장하기 시작하자 채영복은 원천소재인 고순도 실리콘 단결정을 비롯한 '실리콘웨이퍼'에 관심을 기울였다. 반도체산업 초창기 과기처 내 반도체 연구를 위한 태스크포스팀을 구성했는데 채영복은 사진 연구 경험으로 리토그래피(Lithography) 부문을 자문했다. 그러다 반도체 소자에 관심을 갖게 됐다.

반도체용 실리콘웨이퍼 생산은 여러 단계의 공정을 거쳐 생산된다. 모래나 규석을 전기환원 해 99% 순도의 금속실리콘(metal silicon)을 만든 다음 불순물이 10억 분의 1 이하인 초고순도 실리콘으로 정제해 실리콘 다결정 잉고트를 생산해낸다. 이어 단결정 실리콘 잉고트를 만드는 공정을 거친 후, 긴 원통 모양의 고순도 실리콘 단결정 잉고트를 얇은 단면으로 잘라낸 다음 표면을 연마해 실리콘웨이퍼를 생산한다.

첫 단계인 순도 99%의 금속실리콘 생산은 국내에서 오래 전부터 동부그룹이 야금용으로 제조하고 있었다. 그러나 초고순도의 규격으로 정제하려면 고체 실리콘을 가스 상태인 실리콘 염화물로 만들어 분별증류 해야 한다. 이때 불순물 10억 분의 1 이하로 정제된다.

정제된 가스 상태의 실리콘 화합물을 수소환원 반응을 통해 초고순도 실리콘 다결정 원통형 잉고트를 얻어낸다. 그런 다음 다결정을 단결정으로 변환하는데 이때 사용되는 기술이 지멘스의 '쵸크랄스키 결정 육성법(지멘스공법)'이다. 지멘스공법은 배치 프로세스로 석영으로 만들어진 대형 가마솥(쿠르시블) 속에 고순도 다결정 실리콘 덩어리를 넣어 용융시켜 용융액 표면에 단결정 실리콘 시드(seed)를 매달아 아주 느린 속도로 회전시키며 생성되는 단결정 봉을 서서히 끌어올리면서 성장시킨다.

이때 끌어올리는 속도에 따라 잉고트의 반지름이 결정되고 잉고트 길이는 가마솥에 용융돼 있는 다결정 실리콘 양에 의해 결정된다. 완성된 잉고트를 보면 시작 부위인 맨 위쪽과 마지막 부위인 맨 밑부분은 원뿔형이 되는데 지름이 일정치 않아 웨이퍼 생산 때 잘라버리게 된다. 잉고트가 길수록 잘라버리는 부분이 줄어 경제성이 좋아지는 만큼 되도록 잉고트를 길게 생산하는 기술이 필요하다.

기존 배치 프로세스에선 가마솥에 녹아 있는 폴리실리콘이 소진되면 더 이상 결정 성장을 일으킬 수 없다. 도중에 허실된 양만큼 다결정 실리콘을 첨가하면 잉고트 길이를 늘릴 수 있을 것 같지만 그렇지 않다. 도중에 다결정 실리콘 덩어리를 첨가하면 용융액 표면의 높이가 갑자기 올라가 용융액이 이미 성장한 단결정 잉고트를 덮어버려 성장된 단결정이 충격을 받아 다시 다결정 실리콘으로 되돌아가는 속성이 있다. 용융액 표면 높이(melt level)를 세밀하게 조정하는 것이 중요하다.

이런 이유로 지멘스공법에서는 실리콘 용융액이 소진될 때까지 결정을 성장시키고 이 작업이 끝나면 처음부터 같은 작업을 반복해야 해 실리콘 단결정 잉고트 길이가 제한될 수밖에 없다. 1980년대 초 이런 단점을 보완하기 위한 몇 가지 의미 있는 시도가 이루어졌다. 첫 번째가 '몬산토공법'으로 실리콘 용융액에 소진된 만큼 용융된 실리콘액을 일정한 속도로 가해줘 용융액 표면 높이를 미세하게 조정하는 방법이다. 용융액을 균일한 속도로 첨가할 수 있는 방법

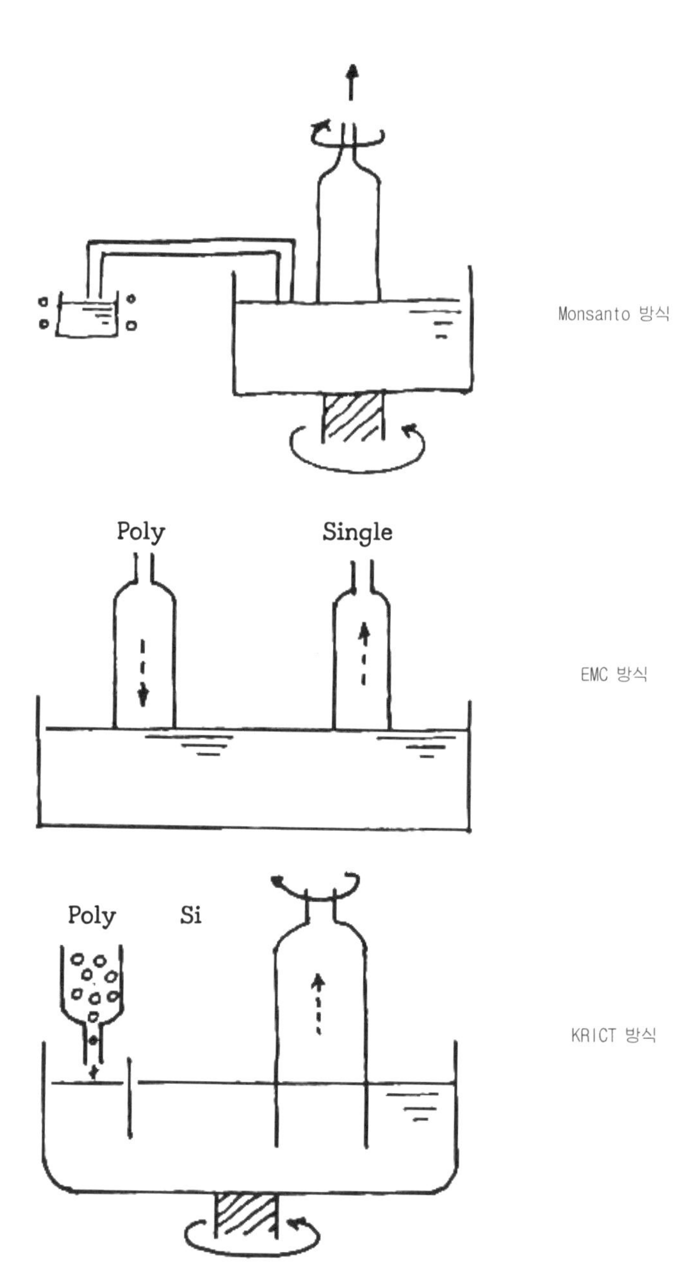
Monsanto 방식
Poly
Single
EMC 방식
Poly
Si
KRICT 방식

이지만 섭씨 1,400도의 높은 녹는점을 가진 고온의 실리콘 용융액을 다뤄야 하는 기술적인 문제가 있다.

두 번째는 미국 벤처 EMC가 추구한 방법으로 가마솥 한쪽에서 일정한 지름을 지닌 다결정 봉을 일정한 속도로 녹여주면서 다른 한쪽에서 같은 속도로 같은 지름의 단결정 봉을 뽑아내는 것이다. 녹는 양과 결정을 뽑아내는 양이 동일하도록 조정해 멜트레벨을 일정하게 유지하는 것이 핵심이다. 이것이 바로 '신(新)쵸크랄스키연속공정'이다.

이 방법도 녹는 폴리실리콘 봉의 양과 뽑아내는 단결정 봉의 양을 일정하게 유지하는 데 필요한 반응기 내 온도 프로파일 조절이 매우 민감하게 작용한다. 실험실적으로는 성공했지만 양산하는 데 해결할 문제가 많았다. 이 문제를 해결하기 위해 과학기술처와 ACT가 투자에 참여했다. EMC가 현물출자 하고 ACT가 300만 달러를 투자해 50% 지분으로 '엠코실'을 설립해 연구를 진행했다. MIT 교수 등 쟁쟁한 연구진이 포진됐다.

장치의 결점을 보안하며 연구 방향을 모색하던 중 이 연구과제가 '5공비리'로 오해를 받게 됐다. 국정감사 때마다 질의가 쏟아졌고 사업의 본질은 흐려지고 신쵸코랄스키연속공법 연구는 중단되고 말았다.

제3의 방법은 화학연구소가 세계 최초로 이루어낸 미세한 입자형 다결정 실리콘 활용법이다. 엠코실의 연구과정에서 얻어낸 아이디어로 고순도 다결정 실리콘을 미세한 입자 형태로 생산해 결정성장 과정에서 일정한 속도로 소진된 양만큼 가하면 액체를 일정한 속도로 첨가하는 것처럼 용융액 표면 높이에 큰 변화 없이 폴리

실리콘을 연속적으로 첨가할 수 있어 단결정 실리콘 잉고트 길이를 얼마든지 늘릴 수 있다.

문제는 초고순도 실리콘 미세입자를 어떻게 생산해내느냐는 것이었다. 채영복은 이 아이디어를 가져와 화학연구소 윤풍 박사팀에 연구토록 했다. 윤 박사와 김희영 박사가 미세입자 고순도 다결정 실리콘 생산을 세계 최초로 가능케 했다. 이 기술은 동부그룹의 수탁으로 개발됐는데 아쉽게도 국내 생산이 이루어지 않고 동부그룹에 의해 독일 바커케미칼에 기술수출 됐다. 국내에서 이 기술을 소화하지 못한 것이다.

채영복은 몇 년 전 동부그룹 사외이사로 실리콘 사업 투자문제를 논의하기 위해 바커케미칼을 방문한 적이 있다. 그 자리에서 입자형 고순도 폴리실리콘이 아직도 생산되고 있음을 확인했다. 국내에서 생산이 이루어졌다면 우리나라 반도체 소재 생산에 큰 기여를 했을 것이라는 아쉬움이 컸다.

입자형 고순도 실리콘 다결정 생산 기술 수출 기념식

정이품송을 구하다

1970년대 말 80년대 초 국내 소나무들이 솔잎혹파리 때문에 큰 피해를 입고 있었다. 해외서 들어오는 컨테이너들을 통해 유입된 솔잎혹파리가 파죽지세로 퍼져나가 전국의 소나무들을 고사시키고 있었다. 과기처는 독일에서 전문가들을 초빙해 자문을 받기도 했다.

솔잎혹파리는 지표면 2~3cm 아래서 겨울을 난 번데기가 이른 봄 나방으로 부화돼 소나무로 올라와 부드러운 새 순 속에 알을 낳는다. 부화된 알은 유충이 돼 솔잎 밑동 속에 혹을 만들어 그 속에서 즙을 빨아먹고 자란다. 가을이 되면 번데기가 돼 땅에 떨어져 지표 2~3센티 아래서 월동을 한다.

솔잎혹파리 일대기 중 방제 가능한 시기는 나방이 돼 날아다닐 때나 유충으로 성장할 때다. 나방은 하루밖에 생존하지 못하는 데다 부화 시기가 산등성이와 골짜기의 일조시간과 온도에 따라 차이가 있어 살충제를 뿌리는 데 문제가 있었다. 유충을 박멸할 수도 없었는데 혹 속에서 자라기 때문에 살충제 침투가 불가능했다.

1970년대 말 채영복은 김완주 박사와 함께 문제 해결에 나섰다. 연구는 두 가지 방향에서 추진됐다. 혹파리 암놈에서 분비되는 페로몬(성유인물질)을 합성한 다음 살포해 숫놈 혹파리를 한 곳으로 유인해 박멸하거나 번데기로 지표에 머무는 동안 살충제를 살포해 방제하는 것이었다. 곤충학자들의 자문에 의하면 “번데기는 지방층이 두꺼워 살충제가 침투하지 못할 것”이라고 했다.

실험을 해보기로 했다. 가을에 산속 솔잎혹파리 피해가 큰 소나무 한 그루를 택해 밑둥 지표면에 살충제 DDVP를 살포했다. 혹파리의 외부 유입을 차단하기 위해 소나무 주변 네 귀퉁이에 기둥을 세워 모기장을 덮어 놓고 이듬해 봄까지 기다렸다. 결과는 놀라웠다. 병들었던 소나무의 새싹이 싱싱하게 돋아 있었고 혹파리 피해가 완전히 사라졌다. 더 놀라운 것은 모기장 속에 나비가 날아다니는 것이었다. 솔잎혹파리만 선택적으로 방제된 것이었다.

채영복은 산림청을 찾아가 연구결과를 브리핑했다. 반응이 시큰둥했다. '왜 남의 영역에 간섭하느냐?'는 듯한 느낌을 받았다. 속리산 소나무들도 솔잎혹파리의 피해가 심했다. 채영복이 겨울에 산비탈에 DDVP 처리해 이듬해 봄 소나무들이 전부 되살아났다. 돌아오는 길에 정이품송을 보니 주변 네 귀퉁이에 거대한 쇠파이프 기둥을 세우고 모기장으로 덮어놓은 게 보였다. 채영복이 산림청에 알려준 방법 그대로였다. 혹파리 피해가 극심했던 정이품송도 이 방법으로 되살아난 것이다. 그 후 금강산에서 소나무가 죽어간다는 보도를 보고 채영복이 방제에 참여하려고 했는데 뜻대로 이루어지지 않았다.

솔입혹파리 피해지역 방문. 왼쪽부터 채영복, 이정오 과기처 장관, 독일 전문가

솔입혹파리 피해를 극복한 정이품송 앞에서. 왼쪽부터 오세화 박사, 김세권 과기처 화학화공 조정관, 채영복, 맨 오른쪽이 김완주 박사.

과학기술특구 구상

2000년대 초 김대중정부는 서해안물류센터 건립 정책을 입안 중이었다. 채영복은 김대중 대통령에게 단순한 물류센터 건립보다 주변에 해외 유명 연구소들을 유치해 물류센터의 부가가치를 높이는 방안을 제시했고 제안이 받아들여졌다.

그 바로 전에 이용태 삼보컴퓨터 회장이 김대중 대통령과의 면담에서 해외 기업 연구기관 유치 문제에 대한 논의가 있었던 터라 쉽게 받아졌다. 당시 소프트웨어산업 육성 문제가 크게 대두되고 있었는데 이 회장의 논리는 국내서 인재양성에 매달리는 방안 외에 외국의 저명한 소프트웨어기업을 한국에 유치하고 인력을 공급하자는 방안이었다. 이렇게 하면 채용된 인력이 '직장 내 교육훈련(OJT)'으로 산 지식을 습득할 수 있는 훌륭한 방법이 아니냐는 주장이었다. 비용이 들겠지만 실보다 득이 더 큰 방법이었다. 채영복도 비슷한 생각을 하고 있던 터라 연구소 유치에 적극 나서기로 했다.

채영복은 유명 연구소를 유치하려면 인센티브가 있어야 한다고 생각했다. 수월성 있는 과학자가 많아 이들을 활용하게 한다든지, 경제적으로 도움을 주는 등의 동기 부여가 있어야 했다. 2000년대 초 우리 과학 수준은 그들이 탐낼 인력을 보유하고 있지 못했다. 그래서 국내에서 연구비를 보조해 주는 등의 인센티브 제공 방안이 검토됐다. 그러기 위해서는 과학기술특구 설치가 필요했다.

과학기술특구 안이 국가과학기술위원회에 상정돼 선진국 연구소 유치 움직임이 시작됐고 프랑스 파스퇴르연구소와 영국 카벤디시 연구소가 우선 유치 대상이 됐다. 이들 연구소를 중심으로 더 많은 민간연구소를 유치해 국내 과학기술 역량을 확대해 나가기로 했다. 하지만 정부가 바뀌면서 정책이 승계되지 못했다. 그 후 과학기술특구는 여러 곳에 난립됐고 특구 본래의 취지를 살리지 못한 채 '우리끼리만 특구'로 전락하고 말았다.

이태섭 과기처 장관과

파스퇴르연구소 유치

프랑스 화학자이자 미생물학자인 루이스 파스퇴르는 18세기 병원균과 싸우는 법을 찾아내 질병 퇴치에 크게 기여했다. 파스퇴르연구소는 전 세계 생명공학 연구소 중 가장 오래된 역사를 지닌 연구소로 노벨생리의학상을 10명이나 배출했다. 연구소 운영에서도 전 세계에서 정부의존도가 가장 낮고 자립도가 가장 높은 연구소로 평가받는다.

채영복이 2002년 9월 과학기술부 장관으로 오스트리아 빈에서 열린 IAEA총회에 참석해 기조연설을 했는데 일정을 이틀 앞당겨 파리에 들러 '한불과학기술장관회의'에 참석했다. 양국간 협력 어젠다가 마무리될 무렵 채영복은 프랑스 측에 파스퇴르연구소의 한국 유치를 제안했다. 훨씬 전부터 많은 이들에 의해 시도됐다가 불발된 과제였다. 우주비행사 출신인 클로디 에뉴레(Claudie Haigneré) 프랑스 연구부 장관은 그 자리에서 필립 쿠릴스키(Philippe Kourilsky) 파스퇴르연구소장에게 전화를 걸어 이튿날 파스퇴르연구소에서 원칙적인 합의가 이루어졌다. 파리에 이틀간 머물며 한불과학기술장관회의에 참석하고 프랑스 원자력청장, 주OECD대사, 그리고 프랑스 한인과학자들과 만나는 바쁜 스케줄 속에서 얻어낸 큰 수확이었다.

KIST와 파스퇴르연구소 간 협력사업 합의 문서를 작성해 2004년 4월 한국파스퇴르연구소가 출범했다. 박호군 KIST 원장과 후임 김유승 원장이 사업을 마무리하는 데 수고가 많았다.

한국파스퇴르연구소는 한국 측에서 부지와 건물, 연구장비 등 하드웨어와 필요한 운영비를 출연하고 프랑스 측이 축적된 연구자산

제46차 IAEA총회 개막식 기조연설(2002)

스펜서 에이브러햄 미국 에너지장관과

한미원자력장관회담, 오른쪽 세 번째 에이브러햄 미국 에너지성 장관

IAEA 사무총장회담, 오른쪽에서 두 번째가 엘바라데이 IAEA 사무총장

한·불과학기술장관회의. 앞줄 오른쪽에서 세 번째가 클로디 에뉴레 프랑스 과기부 장관, 맨 오른쪽이 문유현 과기부 실장

왼쪽 클로디 에뉴레 장관, 오른쪽 채영복.

을 투입해 50 대 50 지분으로 설립됐다. 과학기술부와 경기도가 공동으로 대지와 건물 등 하드웨어를 투자했다. 연구방향 설정부터 연구수행 방법, 인력 관리에 이르기까지 프랑스가 보유한 연구관리 기법을 배우기 위해 프랑스 측이 운영을 주도하도록 했다. 소장을 비롯한 책임 연구자들을 프랑스에서 파견했고 그들의 급여는 프랑스 측에서 부담했다.

쿠릴스키 소장은 파스퇴르연구소에 대해 설명하는 과정에서 '유용성이 큰(use inspired) 연구에 집중한다'는 파스퇴르정신을 강조했다. 미국 과학평론가 도널드 스토크스(Donald E. Stokes)는 파스퇴르정신을 이용해 '파스퇴르사분면이론(Pasteur's Quadrant)'을 정립했다.

경기도 판교 한국파스퇴르연구소

파스퇴르연구소 지하 파스퇴르 묘지

파스퇴르의 사분면

흔히들 기초과학 연구가 시간이 지나면서 자연스럽게 산업화로 이어진다는 선형 모델을 인용한다. 2차대전 이후 루스벨트 대통령의 과학고문 베네바 부시가 주장한 모델이기도 하다. 부분적으로는 맞다. 훗날 미국 과학평론가 도널드 스토크스는 이 선형모델 대신 '파스퇴르사분면이론'을 제시했다. "처음부터 응용성이 큰 연구를 찾아내 시행해야 효율이 좋아진다"는 주장이다. 사분면이론 속에는 도표에서 볼 수 있듯이 X축의 유용성 친화 정도와 Y축의 과학기술 발전 기여도 사이에 이루어진 사분면 속에 순수기초연구, 유용성이 큰 기초연구 순수응용연구가 배치되고 파스퇴르정신이 잘 녹아있다. 10여 년 전 미국 공학학술원이 "미국이 추구할 과학기술 발전모델로 파스퇴르사분면이론을 활용해야 한다"는 보고서를 내기도 했다.

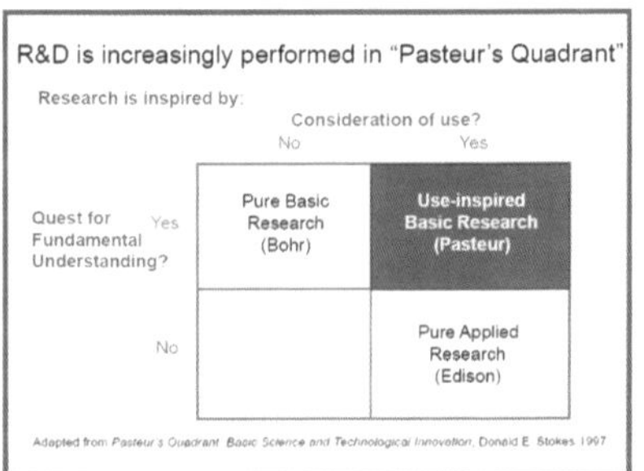

미국 공학한림원 보고서 중

김문수 경기도지사와 파스퇴르기념관에서.

코로나치료제 개발 앞당겨

초대 한국파스퇴르연구소장 울프 네르바스는 초기부터 연구소를 오픈이노베이션 형태로 운영했다. 〈네이처〉의 에디터 필립 번스타인을 CSO로 영입했는데 번스타인은 생명공학 분야에서 어디에 누가 있고 어떤 기술이 있는지 꿰고 있어 도움을 받을 수 있었다. 하나부터 열까지 우리 손으로 연구하다 보면 많은 인력과 시간이 필요지만 외부 연구결과를 공유하면 목표 달성을 위해 시간과 재원을 크게 절약할 수 있다.

한국파스퇴르연구소는 프랑스 파스퇴르가 축적한 형광현미경을 이용한 세포 이미지 관련 기술들을 가져와 화학연구소 노재성 박사의 신약개발 연구 경험과 국내 응용수학, IT기술 능력을 접목시켜 신약 개발 플랫폼을 만들어내는 데 성공했다. '페노믹스크리닝'과 '타깃아이디' 기술이 그것이다.

둘 다 세계 최신 기술로 평가받는데 '페노믹스크리닝' 기술은 박테리아나 바이러스의 건강상태, 즉 병들거나 사멸되고 있는 상태의 세포 외형 변화를 형광현미경으로 식별하고 첨가하는 화합물의 구조 변화와 세포 생태 간 관계(structure activity relationship)를 고속으로 찾아내 처리하는 알고리즘이 핵심이다. 알고리즘 개발은 프랑스 아우구스트 제노베스 박사팀이 주도하고 서울대 응용수학연구팀이 참여했다. MIT 연구팀과도 경쟁했는데 우리가 늘 우세했다. 이 연구에 관여한 인연으로 채영복은 수학과학공학학회 초대 회장을 맡기도 했다. 훗날 한국파르퇴연구소 경영이 어려워지자 제노베스 박사는 MIT 연구팀에 스카우트되고 말았다.

GGBC-INSERM-IPK 협력연구센터 개소식 및 기술협력 협약식(2009년). 뒷줄 왼쪽부터 두 번째 김문수 경기지사, 주한프랑스대사, 앞줄 왼쪽 첫 번째 네르바스 한국파스퇴르연구소장, 채영복, 인썸 회장, 인썸 국제협력국장.

'타깃아이디' 기술은 얻어낸 약효가 세포 내에서 어떤 메커니즘을 통해 이루어지는지를 탐색하는 기술로 RNAi를 이용한다. 약효를 찾아내더라도 그 작용 기작을 모르면 임상에 들어갈 수 없다.

프랑스 파스퇴르연구소는 바이오 분야에 탁월한 전문성을 지니고 있지만 화학 분야에선 전문성이 상대적으로 약했고 우리 측은 화학과 IT기술에서 강해 둘의 접목으로 단기간에 많은 연구결과가 나왔다. 대표적인 것이 다제 내성 결핵치료제 '텔라세벡(Telacebec)'으로 새로운 기작에 의한 혁신의약(first in class)이다. 세계에서 가장 주목받는 다제 내성 항결핵제 후보물질로 임상시험 2상A를 거쳐 TB얼라이언스에 기술을 수출한 상태다. 항결핵 외에도 한센병에도 효과가 있는 것으로 판명됐다. 이 결과를 가지고 벤처 '큐리언트'를 설립했는데 시가총액 4,000억 원대 기업으로 성장했다. 한국파스퇴르연구소가 보유한 의약품스크리닝 기술은 세계적 명성을 얻고 있다. 최근 발표된 논문(HTS and hit finding in academia - from chemical genomics to drug discovery: Drug Discovery Today, Vol 14, No23/24 , 2009)에 전 세계 스크리닝 관련 대표적인 연구기관 26곳(미국 9, 영국 7, 독일 3, 캐나다 2, 호주 2 , 스위스 1, 벨지움 1, 한국 1) 중 한국파스퇴르연구소가 포함돼 있다.

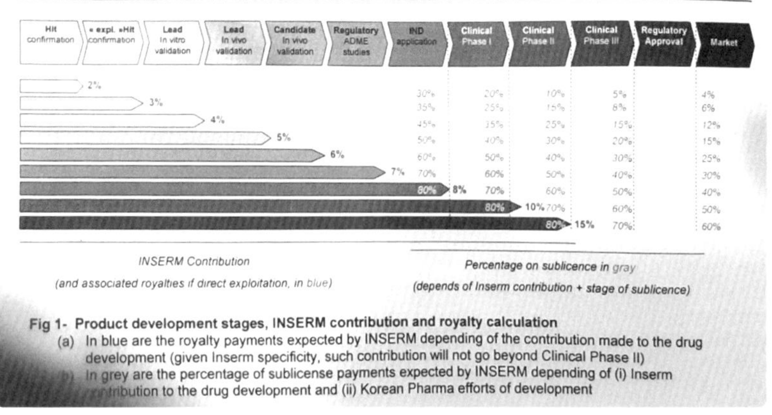

인썸과 기술 이전을 위해 합의된 연구 단계별 로열티.

한국파스퇴르연구소는 그 외에도 많은 일을 해냈는데 그중 하나가 프랑스 국립보건의학연구소 인섬(INSERM)과의 공동연구 협약이다. 인섬은 프랑스 전역에 2만에 달하는 연구원을 고용하는 미국 NIH에 버금가는 기구다. 국내 산업체들이 한국파스퇴르연구소를 통해 인섬에서 일어나는 모든 연구결과를 가져다 발전시킬 포괄적인 연구 협약도 했다. 공동연구가 성공하면 기여도에 따라 적정 기술료를 지불하면 된다. 채영복은 파스퇴르연구소의 재원 부족으로 이런 기회를 제대로 살리지 못하는 것이 안타깝다.

바이러스의 진화 속도는 인류가 백신이나 치료제를 만드는 속도보다 훨씬 빠르다. 바이러스보다 기민하고 빠르게 대처할 방법을 모색해야 한다. 기존 치료제 개발이나 백신 제조 기술 개발 체제로는 기민성 측면에서 빠른 속도로 진화하는 바이러스와의 전쟁에서 감당하기 힘들다. 최근 한국파스퇴르연구소는 이와 관련해 새로운 방안을 제시했다. 연구소장을 지낸 류왕식 박사팀은 시중에 유통되는

파스퇴르연구소 벤처기업 큐리언트 코스닥 상장식. 오른쪽에서 두 번째 채영복 파스퇴르연구소 이사장, 세 번째 남기연 큐리언트 대표이사, 그리고 코스닥 관련 인사들.

의약품을 모아 한국파스퇴르연구소가 보유한 페노믹 스크리닝 시스템을 활용해 코로나19 퇴치를 위한 약효 검증 테스트를 했다. 약 6,000개의 의약품을 시험한 결과 미국이 초기에 치료제로 사용했던 '람데시비르(Remdesivir)'보다 무려 600배나 강한 항균력을 지닌 약품을 발견했다. 더 많은 시료를 사용했다면 더 좋은 결과를 얻어냈을 것이다. 시판됐거나 시판 중인 의약품을 합하면 수십만 건에 이른다. 이 방법을 발전시키면 새로운 항바이러스치료제를 개발하는 시간을 획기적으로 단축할 수 있다. 기존 의약품은 이미 레드테이프를 통과해 임상시험이나 독성시험을 거칠 필요가 없어 바로 투입할 수 있다. 새 용도의 효능 여부만 임상시험 하면 된다.

채영복은 이 방법을 현실적으로 가장 기민한 대처법으로 보고 있다. 류왕식 박사팀이 이런 일련의 연구결과를 논문에 게재했는데 논문이 나오기도 전에 〈사이언스〉 자매지 〈사이언스매거진〉이 매우 고무적인 평가를 했다. 채영복은 이 방법을 발전시키고 체계화하면 새로운 팬데믹에 대처할 획기적인 시스템 구축을 우리 손으로 이룰 거라고 기대한다.

제2회 효령상 시상 기념. 왼쪽부터 장녀 채유미 상명대 음대 교수(바이올리니스트), 큰동서, 채영복 부부, 둘째 처형, 첫째 처형

第3回 雲耕賞 施賞式 및 雲耕 李載瀅 先生 語錄集 · 評傳

제3회 운경(雲耕)상 시상식(1997)

운경상 수상 기념. 왼쪽부터 최덕식 LG화학연구소 소장 부부, 오른쪽 두 번째 채영복 부부.

epilogue

우리나라는 1990년대까지 남이 만든 제품을 더 싸고 더 좋게 만들어 수출해 살아 왔다. 2000년대 이후엔 제품 성능을 개량해 후발주자들과의 경쟁도 이겨냈다. 그러나 이런 산업구조는 머지않아 한계에 도달할 것임을 채영복은 직감하고 있다.

"제품·기술수명주기에서 우리는 맨 끝자락에 있던 범용제품 생산기술에서 두 단계 뛰어 오른 '제품개량혁신' 단계에 와 있고 마지막 한 단계인 '파괴적 혁신'을 눈앞에 두고 있다. 파괴적 혁신을 하지 못하면 다시 '저생산성증후군'에 빠질 수 있다. 한 발짝만 헛디디면 나락이다. 우리가 가진 것은 우수한 인적자원뿐이다. 머리를 활용하는 분야에서 경쟁력을 찾아야 한다."

채영복은 우리나라를 연구기지로 만들자고 주창한다.

"제품을 만들어 파는 것도 중요하지만 연구결과를 해외에 라이선싱하는 기지로 발전시키는 것도 중요하다. 그리고 덩치 큰 하드웨어산업보다 머리를 굴리는 소프트웨어산업으로 눈을 돌려야 한다. 지난날 선택과 집중으로 이룩한 불균형한 경제 패턴도 균형잡힌 경제 패턴으로 바꾸고, 점진적으로 더 넓은 분야로 경쟁력을 확대해 균형잡힌 경제성장을 지향해 나가야 한다."

채영복은 정밀화학을 하나의 대안으로 보고 있다. 2라운드를 시작할 때라는 것이다. 특히 의약품 분야가 그렇다. 정부도 미래 산업의 하나로 바이오의약을 주목하고 있다. 미국도 마찬가지다. 바이든 대통령의 최근 발언에서 나타나듯 바이오산업은 미국이 지킬 주요 산업으로 언급되고 있다.

프랑스 레지옹도뇌르훈장 수훈(2006)

바이오산업의 핵심은 의약이다. 전 세계 의약산업의 규모는 2021년 1조1,500억 달러에 달하고 연간 5% 이상 성장하고 있다. 선진국일수록 의료 분야 R&D투자 비중이 큰데 의료 분야는 많은 두뇌가 투입돼야 하기 때문에 선진국 비중이 클 수밖에 없다. 규모가 큰 다국적 제약사들도 필요한 연구를 다 감당하지 못할 상태에 이르러 주변의 벤처나 대학의 두뇌 의존 비중이 갈수록 높아지고 있다.

몇 년 전 한국과학기술한림원 세미나에서 발표한 자료에 따르면, 미국 아이비리그 10대 대학의 기술료 수입 중 가장 큰 분야가 의약 부문으로 압도적 우위를 차지한다. 이 분야가 두뇌집약형 산업임을 보여준다. 우리가 진입할 가능성을 찾을 수 있는 분야다.

"두뇌집약형 산업을 키우려면 경쟁력 있는 인력을 많이 양성해야 한다. 그리고 해외 유능한 과학자들이 몰려들도록 생태계를 조성해야 한다."

채영복은 "과학기술의 중심은 '메타아이디어'가 잘 조성된 곳을 찾아 움직인다"는 신경제학자 폴 로머(Pual Romer)의 역설에 주목한다. '메타아이디어'는 혁신적인 아이디어가 샘솟는 생태계다. 이런 생태계 마련을 위해 창의력 있는 인재를 많이 키워내려면 교육의 틀부터 바꿔야 한다. 우리는 초등학교에서 대학에 이르기까지 지식을 주입하고 전수하는 데 급급하다. 앞으로 필요한 것은 지식보다 지혜와 창의력이다.

"지식은 책이나 강의를 통해 습득하고 축적할 수 있지만 지혜는 지식을 체화해 스스로 깨달아야 얻을 수 있는 것이다. 체화된 정보들이 무의식중에 암묵지로 잠재해 있다가 필요할 때 발현되는 것이 지혜이고 창의력이다."

매뉴얼만 읽고 비행기를 조종할 수 없다. 조교 옆에 앉아 비행훈련을 받아야 한다. 훈련이 곧 체화과정이다. 체화해야 돌발상황을 헤쳐 나갈 능력이 생겨난다. 골프도 매뉴얼 숙지만으론 잘 칠 수 없다. 피나는 연습을 통해 체화하면 무의식중에 체화된 동작이 발현되게 마련이다. 훈련을 통한 체화는 암묵적 지식의 축적 과정이다.

"창의력은 명시적 지식이 아니라 암묵적 지식에서 나온다. 창의력 있는 인재를 양성하려면 명시적 지식을 주입하는 교육에서 벗어나 암묵적 지식을 함양하는 쪽으로 틀을 바꾸어야 한다."

애써 양성해도 이들이 일자리를 찾지 못하면 인력 양성의 선순환 고리가 깨져 버리게 된다. 취업도 안 되는 공부를 누가 하겠는가.

"산업부문의 기술혁신이 강화돼야 지속적으로 일자리를 만들어낼 수 있다. 대학이 이 수요에 맞추어 고급 두뇌를 공급하면서 수요와 공급의 균형이 이루어지고 선순환고리를 만들어낼 수 있다. 일종의

고급 과학기술인력 수급 순환고리

혁신제품 생산 판매 ⋯→ 고수익 ⋯→ 기술혁신⋯→ 생산 확대 ⋯→ 인력수요 창출 ⋯→ 대학의 인력 공급

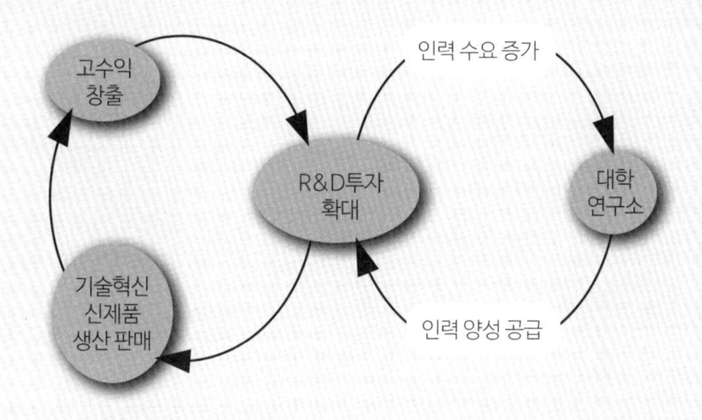

스노우볼링 시스템을 이루어 고급 인력 비중을 높여 나가야 한다."

그러기 위해서는 일자리를 만들어내는 기업 부문의 기술혁신을 이끌 박사급 고급인력 비중을 높여 나가야 한다. 그래서 기업 내 박사급 고급인력과 대학의 박사급 인력 비중 사이에 균형을 이루어야 한다. 미국이나 다른 선진국들은 대학과 산업계의 박사급 인력이 대략 50:50으로 분포돼 균형을 이루고 있다. 매우 건강한 생태계다. 우리는 대학에 약 70%가, 산업체엔 17%, 연구기관에 나머지 10% 내외로 분포돼 있다. 정작 기술혁신을 주도할 기업체보다 대학에 고급인력이 쏠려 있다. 후진형이다.

아프리카나 동남아 등 신생 산업국은 고급 두뇌들이 대학에 편중돼 있다. 산업체가 없거나 있어도 취약해 고급 두뇌를 수용할 수 없어 나타나는 현상이다. 고급인력이 대학에 편중돼 있으면 고급인력을 확대재생산 할 인력 수급의 선순환을 기대할 수 없다. 우리나라

대학과 산업계 박사급 인력 분포의 불균형은 점진적으로 개선되고 있지만 그 속도가 너무 느리다. 촉진할 방안 마련이 시급하다.

고급인력 수요와 공급의 선순환고리를 활성화하려면 산업계에 왜소하게 분포하고 있는 고급인력을 늘려야 하는데 산업계는 그럴 여력이 부족하다. 특히 중견·중소기업이 그렇다. 해법은 공공부문에 브레인풀을 만들어 이들이 산업계, 특히 중소기업들의 기술혁신을 자극하고 활성화를 돕도록 하는 일이다. 산업계에 박사급 고급 인력의 재배치 문제는 비단 고급 인력 수급의 선순환 문제뿐 아니라 기술혁신의 또다른 부문에서 중요한 의미를 지닌다.

그중 한 예가 지식흐름(knowledge flow system)의 활성화 문제다. 효율적인 기술혁신을 이루려면 대학이나 공공부문의 지식 창출이 산업부문으로 흘러 들어가게 하는 것도 중요하지만 산업부문에서 공공부문 연구자에게 흘러 들어가는 니드에 관한 지식의 흐름 또한 못지않게 중요하다. 수면 아래 잠재해 있는 보이지 않는 니드를 발굴하는 일은 산업계의 장기다. 이 쌍방향 지식의 흐름이 원활하게 이루

앞줄 오른쪽부터 채영복, 금진호 전 상공부장관, 남덕우 전 부총리.

어져야 기술 혁신의 시너지를 이룰 수 있게 된다. 4세대 연구개발(4th generaton of R&D)과 3세대 연구개발의 차이점이 여기에 있다.

정부의 역할도 선진국형으로 바뀌어야 한다. 전문가들은 과학기술 혁신이 '듀얼 이노베이션 코어 시스템', 즉 두 축으로 이루어진다고 분석한다. 한 축은 상의하달식 '매니지리얼코어(managerial core)'이고 다른 축은 하의상달식 '테크니컬코어(technical core)'다. 매니지리얼코어는 기술 분야 전문지식이 취약해 큰 틀에서 비전을 제시하거나 방향을 제시하는 수준에서 그쳐야 한다고 보고 있다. 테크니컬코어는 과학기술 전문지식이 있지만 비전 수립 등의 부문에서 취약하다. 그래서 테크니컬코어는 매니지리얼코어에서 하달하는 비전이나 방향을 잘 살려 그 속에서 기술적인 해결 방안을 도출해야 한다.

양자의 장점을 살려 절충점을 찾아내고 상대방 영역을 침해하지 않아야 연구 효율을 높일 수 있다. 정부 관리가 연구비 배정 세목에 깊이 관여하면 안 된다. 세계 과학기술의 흐름을 읽고 미래를 내다보는 직관을 지닌 사람은 관리가 아니고 과학기술인들이다.

"과학기술계 리더들이 소신을 가지고 성장해 나갈 수 있도록 자율권을 주고 책임을 지게 하는 제도의 정착이 시급하다. 이들이 국가 미래를 준비하는 브레인으로 성장하고 정착해 나가는 생태계 구축이 이루어져야 한다. 연구소 기관장 선임 등에서 정부가 간섭하는 일이 배재돼야 하는 이유가 여기에 있다."

2002년 채영복은 영국에서 한·영과학기술장관회의를 마치고 아일랜드로 향했다. 독일을 방문하기로 돼 있었는데 갑자기 스케줄을 바꾼 것이다. 독일에서 불만의 목소리가 들려왔지만 채영복은 아일랜드의 발 빠른 변화를 확인하고 싶은 욕심이 앞섰다.

아일랜드는 유럽에서 가장 가난한 나라였다. 아일랜드인들은 교육수준이 높고 여러 언어를 구사했다. 1990년대 초 아일랜드 정부는 가난에서 벗어나기 위해 국민의 언어구사력을 살려 콜센터를 운영했다. 유럽 각지에서 항공편을 예약하거나 변경하기 위해 전화를 걸면 아일랜드로 연결돼 거기서 처리되게 했다. 다음 단계 혁신으로 유럽 각지의 산업을 유치해 생산기지를 만들기 시작했다. 낮은 임금과 우수한 인력에 매력을 느낀 유럽의 많은 기업이 생산기지를 아일랜드로 옮겨왔다.

아일랜드의 GDP는 가파르게 상승해 2000년 초에는 2만5,000달러를 웃돌았다. 영국 GDP의 3분의 2에 육박했다. 그러나 GDP가 높아지고 임금이 올라가자 반작용으로 생산기지로서의 매력이 점차 사라져 기업들이 하나둘 빠져나가기 시작했다. 변화가 필요했다. 아일랜드를 '생산기지'에서 '연구기지'로 바꾸는 작업이 추진됐다. 생산기지보다 연구기지가 더 높은 임금을 수용할 수 있기 때문이다. 그러기 위해 아일랜드의 R&D 수준을 유럽 국가들이 매력을 느낄 정도로 끌어올려야 했다.

세계 도처에서 우수한 과학자들을 아일랜드로 끌어들이기 위해 아일랜드 정부는 R&D에 집중 투자했다. 그리고 국적을 불문하고 누구든 이 연구비를 쓸 수 있도록 했는데 "주체는 우수한 연구자여야 하고 연구는 반드시 아일랜드 안에서 이루어져야 한다"는 단서를 붙였다. 단시간 내 우수한 연구자들을 아일랜드로 끌어 모으기 위한 아이디어였다. 2002년 채영복이 아일랜드를 방문했을 때 연구기지화 전략이 한창 추진 중이었다.

"짧은 기간 안에 콜센터에서 산업생산기지로, 다시 연구기지로 기민하게 변신을 시도하는 아일랜드의 민첩함에 감명받았다. 이 모든 전략을 세우고 추진하는 중심에 서 있는 두뇌집단인 포파스(Forfas)가 내 마음을 사로잡았다. 아일랜드를 배워야 한다고 생각했다.”

싱가포르의 ‘바이오폴리스’도 마찬가지다. 싱가포르는 물류와 정유 기지로 중국과 주변국에서 많은 사람이 몰려들어 경제를 부흥시켰는데 인건비 상승으로 경쟁력이 사라지기 시작하자 타개책을 강구했다. 2000년대 초 연구클러스터 조성에 눈을 돌려 바이오폴리스를 포함한 여러 가지 연구클러스터를 만들었다. 전 세계에서 국적을 불문하고 정상급 과학자들을 유치해 분야별 연구책임자에 임명했다. 난양공대 총장을 스웨덴에서 영입했는데 노벨화학상 심사위원장을 하던 학자다. 프랑스 석학들도 연구소장으로 모셔왔다. 채영복이 파스퇴르연구소를 한국에 유치할 당시 파스퇴르연구소장을 지낸 필립 쿠릴스키 박사도 그중 한 사람이다.

바이오 연구 클러스터를 만들고 과감한 투자를 하자 굴지의 제약사들이 이 인프라를 활용하기 위해 싱가포르로 몰려들었다. 바이오폴리스 투자는 회임기간이 길어 곧바로 투자회수가 힘들었지만 이를 보고 입주한 해외 대기업들의 현지 생산 수출이 급격히 늘면서 투자를 보상해 주기 시작했다. 싱가포르는 현재 세계 기술혁신지수 순위에서 최선두를 달리고 있다.

“우리 세대는 주어진 일을 ‘어떻게 잘하느냐’(how to do)는 패러다임에서 최선을 다했다. 후배 세대들은 ‘무엇을 할 것인가’(what to do)를 고민하는 패러다임 앞에 서 있다. 찾아내야 한다. 지혜와 창의력이 필요하다. 자라나는 세대에게 우리가 쌓아온 경륜과 지혜를 나눠줘 다시 한 번 도약할 기틀을 만들어야 한다.”

역대 대한화학회장들

한국화학연구소 연구실장들과 함께

유기합성연구실을 거친 연구원들

채영복관
축 채영복관
한국화학연구원